（职业院校无人机应用技术专业系列教材）

全彩图解

无人机
装调检修技术
与人工智能应用

深圳市无人机行业协会　组　编

主　编　贾恒旦　杨　刚

副主编　王宏伟　许　亮　吴泽霖　孟志萍

参　编　周　鹏　肖　勇　陈　友　李汶佳

　　　　陈满梅　徐　挥　张　莹　李伟政

　　　　肖恒志　梁锐波　胡胜利　贾司晨

　　　　杨　磊　杨愉强　王　军　郑继兵

　　　　姜化京　叶方权　谢君鹏　陈颂文

　　　　马育春　郑佳欣

机械工业出版社
CHINA MACHINE PRESS

本书在参照人力资源和社会保障部颁布的新职业"无人机装调检修工""人工智能训练师"的职业技能标准基础之上，依据教育部颁布的"无人机应用技术""人工智能技术应用"专业教学大纲，并结合行业主流设备实操、教学经验编写而成，内容涵盖了无人机装调检修工基础，无人机装调检修工初级实操训练——450型无人机，无人机装调检修工中级实操训练——500型无人机，无人机装调检修工高级实操训练基础——穿越机装配件介绍及选用，无人机装调检修工高级实操训练1——穿越机基本装配，无人机装调检修工高级实操训练2——穿越机选型、装配、调试、测试，无人机保养与维修，人工智能基础，无人机人工智能应用场景——空地协同，无人系统的人工智能应用场景等内容。

　　本书采用详细图解的方式，尽量反映国内在无人机和人工智能方面的研究成果和实际应用，能让读者迅速掌握无人机装调的基本技能、无人机装机配件的选型、无人机调参、无人机试飞、无人机测试、人工智能基础知识、无人机人工智能应用、无人系统等内容，切实提高无人机装调检修、人工智能技术应用方面的能力和水平。本书配有二维码资源，扫码可以直接观看实操视频。

　　本书通俗易懂，图文并茂，可读性、实用性强，既可以作为职业院校和技工院校无人机应用技术、人工智能技术应用专业的实操训练教材，又可以作为无人机、人工智能训练师的培训用书，还可以供相关从业者与爱好者参考。

图书在版编目（CIP）数据

无人机装调检修技术与人工智能应用 / 贾恒旦，杨刚主编. —
北京：机械工业出版社，2022.8（2025.1重印）
职业院校无人机应用技术专业系列教材
ISBN 978-7-111-71428-6

Ⅰ.①无⋯　Ⅱ.①贾⋯　②杨⋯　Ⅲ.①人工智能 – 应用 – 无人驾驶飞机 –
组装 – 高等职业教育 – 教材②人工智能 – 应用 – 无人驾驶飞机 – 调试方法 –
高等职业教育 – 教材③人工智能 – 应用 – 无人驾驶飞机 – 检修 – 高等职业
教育 – 教材　Ⅳ.①V279

中国版本图书馆CIP数据核字（2022）第147840号

机械工业出版社（北京市百万庄大街22号　邮政编码100037）
策划编辑：王　博　　　　　　责任编辑：王　博
责任校对：陈　越　王　延　　责任印制：邵　敏
中煤（北京）印务有限公司印刷

2025年1月第1版第3次印刷
184mm × 260mm · 12.75印张 · 257千字
标准书号：ISBN　978-7-111-71428-6
定价：49.80元

电话服务　　　　　　　　　网络服务
客服电话：010–88361066　　机　工　官　网：www.cmpbook.com
　　　　　010–88379833　　机　工　官　博：weibo.com/cmp1952
　　　　　010–68326294　　金　书　网：www.golden-book.com
封底无防伪标均为盗版　　机工教育服务网：www.cmpedu.com

本书编委会

序 一

2020年以来，人力资源和社会保障部先后颁布了无人机驾驶员、无人机装调检修工、人工智能训练师、智能制造工程技术人员、虚拟现实工程技术人员等新职业，这是自2015年版《中华人民共和国职业分类大典》颁布以来发布的第二批新职业，是我国社会经济不断发展，技术不断创新，新产业、新业态、新模式不断涌现的结果。这些新职业的颁布，对于引领无人机、人工智能产业发展，促进就业创业，加强职业教育培训，增强对新职业从业人员的社会认同度，都具有重要意义。

近年来，我国科技创新发展，人工智能技术推动了民用无人机产业的快速崛起。除了席卷全球的航拍无人机之外，无人机在广泛领域的应用有效弥补了应急运输、健康监控、巡查等整体解决方案的不足。同时，很多无人机厂商在应急救援的市场需求下丰富了应用解决方案，延伸了自身产品线，创新了无人机智能技术。

随着应用领域的不断扩大，大大拓展了无人机本身的用途，各类细分领域无人机也开始不断涌现。消费级无人机主要用于个人航拍、摄影、娱乐游戏等休闲用途，其高端产品可用于影视行业的专业拍摄。在工业级无人机的应用中，警用安保、消防救援、应急救灾、气象监测、地质地貌测绘、地震调查、海事侦察、通信中继、核辐射探测等政府部门开展的相关业务占比最大，使用量占到总需求的60%；农林渔领域占比约15%，主要用无人机进行农业植保、农田信息监测、渔情监控等活动；能源领域约占12%，无人机在其中可以配合进行资源勘探、管线/管道巡检等工作；另外，像地理观测、野生动物保护、物流配送及其他领域中的应用约占13%。据深圳市中安无人系统研究院不完全统计，2021年全国民用无人机企业数量一万余家，行业总产值达到870多亿元，其中深圳市无人机行业产值近600亿元。无人机行业的快速发展和巨大潜力，越来越受到各级政府的高度重视。国内外不少城市已将无人机产业列为发展重点，并将其融入自主创新和建设创新型城市的战略目标中。无人机炙手可热，在各个领域百花齐放，有分析显示，未来5~10年将是无人机行业的黄金时期，国内市场空间将高达3000多亿元。

无人机服务可为国家和民用市场提供专业服务，如公安工作有大量且迫切的警用无人机应用需求，仅靠在编警力根本无法满足现实需求。实际上，除公安部门外，应急管理、环境资源、农业林业等众多部门对无人机服务都有大量的需求，政府购买无人机服务的市场空间巨大。军民融合需要建立社会服务体系，在后勤保障、军事训练、装备管理等非作战领域，无人机服务将会产生较大效益。

随着我国低空开放逐步推进，加上 5G 技术在国内成熟应用，无人机服务会有很大的提升和拓展空间。如无人机物流配送，将是通往新的物流时代的入场券，随着人工智能技术的不断进步，无人机物流业务落地的步伐会越来越快，新的物流时代即将到来。同时，5G 可以支撑无人机采集的高清视频等数据的实时传输，以无人机为飞行平台，利用高分辨 CCD 相机、红外摄像机、多光谱相机和气体探测仪等多种传感器系统获取遥感数据，利用空中和地面控制系统实现影像的自动拍摄和获取，实现航迹规划和监控、信息数据的压缩和自动传输、影像预处理等功能，可广泛应用于国民生产的各行各业。根据国家邮政局公布的相关数据显示："十三五"以来，我国快递包裹量年均新增速度达 100 亿件，连续 6 年超过美国、日本、欧洲等发达经济体。目前我国单日快递量超亿件，2020 年我国快递年业务量突破 740 亿件，2021 年已经达到 850 亿件。不断增长的业务量使得传统的投递方式越来越难以满足日益增长的服务需求。有关专家建议，要进一步扩大无人机物流配送试点范围，服务乡村振兴战略。

无人机服务市场正在形成，建立专业化的无人机服务机构，提供专业优质的无人机服务，都需要无人机应用技术专业人才，以湖南航空工业职工工学院副院长贾恒旦为主的团队编写教材——《无人机装调检修技术与人工智能应用》的出版，恰逢其时。

教育部公布的 2022 年高等职业教育专科专业设置备案和审批结果显示，目前开设无人机专业的高职院校已达 428 所，同时多所高校开设了人工智能和无人系统类专业，教育部新设专业也新增了多个与人工智能相关的专业。

该书的出版，除了培养无人机驾驶员外，还可以在无人机装配、调试、检修、维护专业和人工智能专业方面对学生进行更加全面的培养，为国家培养更多一专多能的无人机和人工智能专业方面的人才。

法国欧洲科学、艺术与人文学院荣誉院士

深圳市无人机行业协会会长

序 二

　　无人机是高新技术领域技术含量高、多学科融合度密集、技术更新换代迅速和应用普及度高的典型代表。近年来，随着人工智能技术的逐渐完善，推动着无人机行业快速发展。无人机在森林消防、物流运输、测绘勘察、农林植保等行业的应用不断拓展，中国正在成为无人机行业应用的重要市场，根据工业和信息化部相关数据预测，到2025年产值将达到1800亿元。

　　由于无人机行业技术的不断升级、设备保有量的增加和新技术的不断引进，给无人机维修行业带来了前所未有的挑战，无论是从技术层面还是从市场层面来看，全行业都要求有高素质、高技能的装调检修人才做支撑。在这一背景下，2020年2月25日，人力资源和社会保障部与国家市场监督管理总局、国家统计局联合向社会发布了无人机装调检修工、人工智能训练师等16个新职业及相应的职业技能标准。自此，"无人机装调检修工""人工智能训练师"正式成为新职业，被纳入《中华人民共和国职业分类大典》目录，近百万"无人机装调检修工""人工智能训练师"从业人员正式登上历史舞台。

　　"无人机装调检修工""人工智能训练师"是新职业，人才需求量巨大，但目前教育、培训行业体系还不够完善，尤其是人才的培养培训环节还缺少具有针对性的教材和培训资料。作者长期从事无人机和人工智能相关技术的研究、实践和推广工作，特别是在无人机装调检修和人工智能应用行业具有丰富的实践经验。本教材是根据人力资源和社会保障部颁布的"无人机装调检修工""人工智能训练师"职业技能标准，依据教育部颁布的"无人机应用技术""人工智能技术应用"专业教学大纲编写而成，结合"无人机装调检修工""人工智能技术应用"的定义及工作任务，围绕无人机装调检修的技能要求，坚持"理论与实训"相结合的理念进行阐述，并以基本机型、特定机型为例进行详细的讲解，通俗易懂、图文并茂，可读性高、实用性强，帮助读者切实提高无人机装调检修、人工智能技术应用方面的能力和水平。

　　本教材的出版，不仅会对无人机装调检修和人工智能相关领域从业者的学习、培训提供较大的帮助，对于无人机、人工智能技术引领产业发展，促进就业创业，加强新专业的职业教育、培训，增强对新职业从业人员的社会认同度等，都具有重要的推动作用。

俄罗斯自然科学院院士、格鲁吉亚国家科学院院士、

山东理工大学原校长、教授

张铁柱

序 三

　　无人机技术作为航空领域的一个重要分支，伴随着有人机技术的发展已走过了近百年历程。近三四十年间，随着微电子技术、计算机软硬件技术、信息通信技术、自动控制技术和新材料技术的飞速发展，无人机技术及其整个行业迎来了又一次迅猛发展。尤其是近十几年来，人工智能技术的最新进展为无人机领域再次注入新生活力，使得无人机在军事应用、行业应用、国民经济建设以及社会生活的方方面面获得更为广泛的应用。例如，在民用领域无人机技术与人工智能技术结合，正在逐步改变诸如遥感测绘、应急救灾、农林作业、交通指挥、物流与出行等社会经济环节的作业样式，有望对人们的社会生活带来深刻变革。

　　在我国经济结构调整转型的关键时期，伴随着人口老龄化、劳动力成本上升等不利因素，制造业领域的人口红利逐渐消退。中国制造业的进一步发展急需新的生长点。在劳动力与高技术此消彼长的历史关头，中国"制造"急需向中国"智造"转变，人工智能技术就是其最强抓手和突破口之一。2021 年 12 月 28 日，工业和信息化部等八部门联合对外发布《"十四五"智能制造发展规划》，将加速中国人工智能发展步伐，形成中国新的"代差优势"，这是时代的呼唤，也是时代的需求。

　　无人机是应用人工智能技术的一个重要分支领域，无人机技术与人工智能技术横向融通，与实体经济进行深度融合，是使人工智能技术更好地服务于生产力提升的重要途径。为此，相应的职业教育必须要先行。以湖南航空工业职工工学院副院长贾恒旦为主的团队编写的教材即是应对当前各行各业对无人机装调检修工和人工智能训练师教学、培训的迫切需求，提供了一本以操作训练为主的实用性、应用性强的教材，特别值得中、高等职业院校无人机应用技术、人工智能技术应用相关专业的学生学习、训练，也可以作为从事无人机应用、人工智能技术应用行业的从业人员进修、培训、学习之用书。

国防科技大学军民融合创新工程中心主任、教授

郭正

前　言

在近年我国人口出生增长速度已呈下降趋势、部分省市人口已经出现负增长、人口老龄化及劳动力成本上升三大不可逆转的趋势下，制造业人口红利逐渐消退。尤其是近三年，我国制造业企业的生存空间被挤压，迫切需要增加新的高技能劳动力，但是部分企业却面临着招不到人的现实。在科技发展日益"加速"的时代，传统制造急需向中国"智造"进行转变，其最强抓手和突破口就是人工智能。2021年12月，工业和信息化部等八部门联合发布《"十四五"智能制造发展规划》，将加速中国人工智能发展步伐，形成中国新的"代差优势"，这是时代的呼唤，也是时代的需求。

无人机是人工智能应用场景中的一小部分，要想二者横向融通，让人工智能更好地转化为现实生产力、与实体经济深度融合、快速迭代，职业教育必须要先行。

当前这方面的教材极度缺乏，鉴于对无人机装调检修工和人工智能训练师的迫切需求，编写一本以操作训练为主的实用教材就显得十分重要。

在深圳市无人机行业协会会长杨金才领导、深圳市无人机行业协会副秘书长吴泽霖协调下，25家企业、院校和个人参加了本书的编写工作。

本书在内容选择上，严格按照人力资源和社会保障部颁布的"无人机装调检修工""人工智能训练师"的职业标准、教育部颁布的"无人机应用技术""人工智能技术应用"教学大纲的要求，与时俱进，以尽可能简捷的方式，分享国内近年来在无人机和人工智能教育、培训方面的最新成果；在结构编排上，坚持兴趣导向，开启"快""乐"的学习模式，循序渐进；在编写特色上，图、文、视频三者合一；在教材规范上，训练等级实战化。

本书没有高深的理论，而是在通俗、简单、可读、易懂、规范、实用、好用上下足功夫。

感谢深圳市无人机行业协会的杨金才会长为了我国民用无人机和人工智能产业和教育的快速发展所做出的贡献，感谢参与本书编写的各位专家为了我国无人机、人工智能职业教育行业快速发展，无私地奉献才智、素材及无偿工作。

在本书的编写过程中，参阅了多种文献资料，在这里特向其作者表示衷心感谢。另外，书中引用了极少数无法明确原作者的图片，希望原作者尽快与我们联系，以便致谢。

无人机、人工智能行业所涉及的领域非常广泛，由于本书编者水平有限，书中不足之处在所难免，恳请专家及读者批评指正。

编　者

二维码索引

（续）

序号	名称	二维码	页码	序号	名称	二维码	页码
21	安装机臂		043	31	飞控与安全解锁器连接		046
22	焊接电调		043	32	飞控与蜂鸣器连接		047
23	焊接电流计		044	33	飞控与 USB 模块连接		047
24	焊接电压报警器		044	34	飞控与电流计连接		047
25	飞控与电调连接		045	35	安装电源接口		047
26	飞控与接收机连接		045	36	安装上板		048
27	固定飞控		045	37	安装电池盒		048
28	固定接收机		045	38	固定 GPS 模块		048
29	插入侧板		046	39	GPS 模块与飞控连接		049
30	固定电压报警器		046	40	固定电池盒		049

（续）

（续）

目　录

第1篇　无人机装调检修技术

绪论

科学技术是第一生产力，无人机与人工智能作为世界前沿、关键的技术领域，将会影响一个国家的格局和国际竞争力。学习无人机与人工智能技术可以提升自己的能力，为实现中华民族伟大复兴的中国梦做出贡献。

近年来，中国立足国情，从实际出发，研发、生产出了"翼龙"系列和"彩虹"系列等无人机，并以"物美价廉"的优势取得良好口碑；在国际无人机市场上，中国的无人机占有举足轻重的地位，逐步打破了"捕食者"无人机一统天下的格局和神话，中国的无人机从跟跑到并驾齐驱，有望实现弯道超车。

无人机与人工智能教育是一种具有中国特色的职业教育，具有"自主－协同"技术特征，可以充分发挥出"1+1>2"的效果，最终为助力我国尽快实现产业升级培养合格的高技能人才。

无人机装调检修
技术与人工智能
应用

第 1 篇
无人机装调检修技术

无人机装调检修技术与人工智能应用

01

第1章　无人机装调检修工基础

1.1　无人机及装调检修工

1. 无人机

中国民用航空局对无人机的定义为：无人机（Unmanned Aircraft，UA）是由控制站管理（包括远程操纵或自主飞行）的航空器。

2. 无人机装调检修工

1）无人机装调检修工是人力资源和社会保障部（简称人社部）与国家市场监督管理总局、国家统计局于 2020 年 2 月 25 日向全社会发布的新职业之一。

2）无人机装调检修工的定义为：使用设备、工装、工具和调试软件，对无人机进行配件选型、装配、调试、检修与维护的人员。

3. 无人机装调检修工主要工作任务

1）根据无人机的产品性能等相关要求，对无人机进行配件选型、制作及测试。

2）按照装配图等相关要求，使用专用工具进行无人机的整机装配。

3）使用相关调试软件和工具，进行无人机系统和功能模块的联调与测试。

4）使用专用检测仪器及软件进行无人机各系统检测、故障分析和诊断。

5）使用相关工具，根据故障诊断结果进行无人机维修。

6）使用专用检测工具和软件对修复后的无人机进行性能测试。

7）根据维护保养手册，对无人机各功能模块进行维护保养。

8）编制无人机设备装配、测试、检修、维修等报告。

1.2　常用工具

1. 电烙铁

（1）电烙铁的作用　主要是用于加热——熔接焊锡。

（2）电烙铁的安全使用

1）电烙铁的电源插头一定要使用三相电源插头，这样才能使电烙铁外壳有效接地，确保人身安全。

2）使用电烙铁时，必须处在干燥环境中使用。

3）使用电烙铁前，一定要认真检查电源插头和电源线，确保无损伤。

4）使用电烙铁前，要确保电烙铁头不能出现松动现象。

5）使用电烙铁中，千万不能乱甩电烙铁，以防电烙铁上的焊锡烫伤周围其他人。

6）使用电烙铁后，应立即切断电源，一定要拔掉三相电源插头，待电烙铁完全冷却后，再将电烙铁放回工具箱。

（3）电烙铁的类型

1）普通电烙铁，如图 1-1 所示。

2）调温电烙铁，如图 1-2 所示。

3）台式电烙铁，如图 1-3 所示。

图 1-1　普通电烙铁

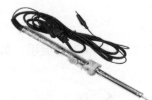
图 1-2　调温电烙铁

图 1-3　台式电烙铁

（4）电烙铁支座　电烙铁支座如图 1-4 所示。

2. 热风枪

（1）热风枪的作用　主要是利用发热电阻丝枪芯吹出的热风对电子元件进行焊接与摘取。

（2）热风枪的类型

1）台式热风枪，如图 1-5 所示。

2）枪式热风枪，如图 1-6 所示。

图 1-4　电烙铁支座

图 1-5　台式热风枪

图 1-6　枪式热风枪

3）台式电烙铁、热风枪（二合一），简称热风焊接台，如图 1-7 所示。

3. 吸锡器（见图 1-8）

4. 螺钉旋具（见图 1-9）

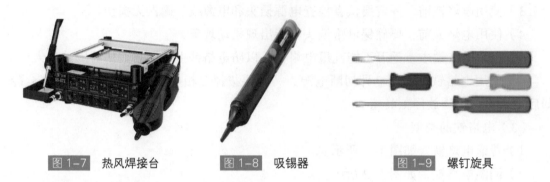

图 1-7　热风焊接台　　　　图 1-8　吸锡器　　　　图 1-9　螺钉旋具

5. 扳手

1）活扳手，如图 1-10 所示。

2）套筒扳手，如图 1-11 所示。

3）呆扳手，主要分为双头呆扳手和单头呆扳手，如图 1-12 所示。

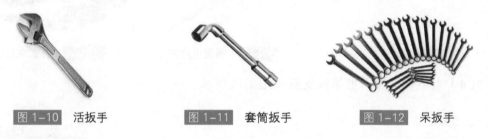

图 1-10　活扳手　　　　图 1-11　套筒扳手　　　　图 1-12　呆扳手

4）内六角扳手是专门用于内六角头螺栓的螺钉旋具。通过这个专用螺钉旋具，可以减少使用者对螺栓施加的作用力；螺栓与螺钉旋具之间有六个接触面，不容易损坏内六角面，如图 1-13 所示。

5）扳手套装，如图 1-14 所示。

6）棘轮扳手，如图 1-15 所示。

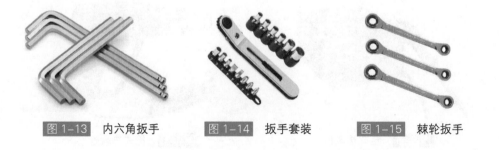

图 1-13　内六角扳手　　　　图 1-14　扳手套装　　　　图 1-15　棘轮扳手

6. 手工钳

1）尖嘴钳，用来剪切线径较细的单股与多股导线，以及给单股导线接头弯圈、剥塑料绝缘层等，如图 1-16 所示。

2）钢丝钳，用于掰弯及扭曲圆柱形金属零件及切断金属丝，其旁刃口也可用于切断细金属丝，如图 1-17 所示。

3）剥线钳，用于塑料、橡胶绝缘电线、电缆芯线的剥皮，如图 1-18 所示。

图 1-16　尖嘴钳　　　　图 1-17　钢丝钳　　　　图 1-18　剥线钳

7. 小型台虎钳

装置在工作台上，用于装夹无人机装配件的通用夹具，如图 1-19 所示。

8. 镊子（见图 1-20）

图 1-19　小型台虎钳　　　　图 1-20　镊子

1.3　常用辅助材料

1. 插头

1）JST 插头，如图 1-21 所示。

2）T 型插头，如图 1-22 所示。

3）XT60 插头，如图 1-23 所示。

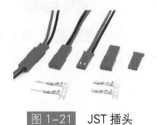  

图 1-21　JST 插头　　　　图 1-22　T 型插头　　　　图 1-23　XT60 插头

4）EC 系列插头，如图 1-24 所示。

5）XH2.54 2S、3S、4S 硅胶线平衡充插头，如图 1-25 所示。

图 1-24　EC 系列插头

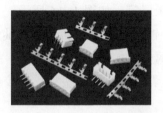

图 1-25　XH2.54 2S、3S、4S 硅胶线平衡充插头

2. 线材

1）AWG 硅胶线，如图 1-26 所示。

2）杜邦线，如图 1-27 所示。

图 1-26　AWG 硅胶线

图 1-27　杜邦线

3. 扎带

1）尼龙扎带，如图 1-28 所示。

2）魔术扎带，如图 1-29 所示。

3）魔术贴，如图 1-30 所示。

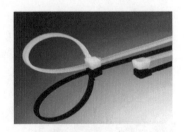

图 1-28　尼龙扎带

图 1-29　魔术扎带

图 1-30　魔术贴

4. 热缩管（见图 1-31）

5. 热熔胶（见图 1-32）

6. 焊锡丝（见图 1-33）

图 1-31　热缩管

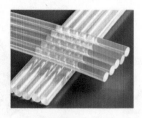
图 1-32　热熔胶

图 1-33　焊锡丝

7. 螺栓

1）内六角螺栓，如图 1-34 所示。

2）一字螺钉、十字螺钉，如图 1-35 所示。

3）防松螺母，如图 1-36 所示。

图 1-34　内六角螺栓

图 1-35　一字螺钉、十字螺钉

图 1-36　防松螺母

8. 隔离柱

1）尼龙柱，如图 1-37 所示。

2）铝隔离柱，如图 1-38 所示。

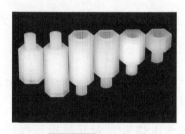
图 1-37　尼龙柱

铝隔离柱
图 1-38　铝隔离柱

9. 灯带

辅助照明，增加亮度、空间层次感和美观程度。如图 1-39 所示。

10. 低电量报警器

为了防止无人机飞行时，因电池电量不足而可能发生无人机摔机的后果，以声、光等形式来提醒或警示无人机驾驶员的电子产品就是低电量报警器，如图 1-40 所示。

图 1-39　灯带

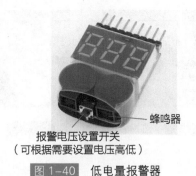

蜂鸣器

报警电压设置开关
（可根据需要设置电压高低）

图 1-40　低电量报警器

1.4　手工焊接

手工焊接是使用电烙铁来实现金属之间牢固连接的技术，看起来十分简单，但要保证高质量的焊接，有一定的困难，需要操作者经过认真、反复、长时间的训练，才能掌握这项技能。手工焊接电子元件是无人机装配检修工作中十分重要而又基本的技能之一。

1. 手工焊接方法

1）焊接前，电烙铁要充分预热。

2）电烙铁头刃面要上锡，即有一定量的焊锡，再将电烙铁头刃面紧贴在焊盘处。

3）电烙铁与水平面大约成 60° 夹角，便于已经熔化的焊锡从电烙铁头上流到焊盘上。

4）电烙铁头在焊盘处的停留时间控制在 2~3s。

5）抬起电烙铁头，左手仍用镊子夹持着电子元件保持不动，待焊盘的锡冷却凝固后，才可以松开左手。

6）用镊子检查焊接线及焊盘不松动时，可以移开镊子，完成焊接任务。

2. 优质手工焊接应具备的基本条件

1）焊接前，焊盘的表面必须保持清洁，将焊盘预先加热到适当的温度，再给焊盘上锡。

2）焊接中，必须熟练、快速、准确地操作电烙铁，对元件进行焊接，并确保焊盘牢固、可靠。

3）焊接后，必须对焊盘进行检查，确保元件焊接牢固、可靠、无虚焊。

3. 焊接电动机三相线（电动机线）

1）把电烙铁头放到香蕉接头上，等电烙铁头上的温度传到香蕉接头，如图 1-41 所示。

2）把焊丝插到香蕉接头孔中，给香蕉接头上点锡（注意：不能加满锡），如图 1-42 所示。

焊接电动机
三相线

图 1-41　香蕉接头加热　　　图 1-42　香蕉接头上锡

（图片源自：中亚成科技）

3）趁热把电动机线插进香蕉接头中，让电烙铁头在香蕉接头上多待一段时间，待孔中的焊锡充分熔化，如图 1-43 所示。

4）再把电烙铁头移开，等待焊锡冷却凝固，如图 1-44 所示。

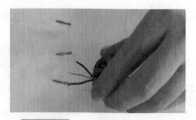

图 1-43　电烙铁头在香蕉接头上　　　图 1-44　等待焊锡冷却凝固

（图片源自：中亚成科技）

4. 电源线焊接到插接器

（1）剥线　使用剥线钳把电源线两端的橡胶皮剥掉，露出电源线芯，如图 1-45 所示。

（2）上锡

1）电源线：使用电烙铁和焊锡丝给电源线上锡，适当多上一点焊锡，让锡与线芯充分融合，如图 1-46 所示。

图 1-45　剥线　　　图 1-46　上锡

（图片源自：中亚成科技）

2）插接器：

①用焊接台夹具上的夹子夹住 TX30 插接器，如图 1-47 所示。

②用电烙铁和焊锡丝给 TX30 插接器焊接铜孔上锡，如图 1-48 所示。

图 1-47　夹住 TX30 插接器

图 1-48　给 TX30 插接器焊接铜孔上锡

（图片源自：中亚成科技）

（3）把对应颜色的线插入对应的孔位　红色线插入正极（＋），黑色线插入负极（－），电烙铁头在插接器焊接铜孔上停留一下，待孔里的焊锡充分熔化，再把电烙铁头移开，等待焊锡冷却凝固，如图 1-49 所示。

焊接电源线与
TX30 插接器

图 1-49　焊接电源线与 TX30 插接器

（图片源自：中亚成科技）

5. 电源线焊接到印制电路板（PCB）

电源线焊接到
PCB

1）使用电烙铁给 PCB 焊盘上锡，如图 1-50 所示。

2）待 PCB 焊盘和电源线上的锡完全熔化后，再移开电烙铁，使焊锡完全包住电源线。焊接时要注意：红色线焊接到正极（＋），黑色线焊接到负极（－），如图 1-51所示。

图 1-50　使用电烙铁给 PCB 焊盘上锡

图 1-51　焊接

（图片源自：中亚成科技）

6. 贴片焊接

贴片焊接方法有手工式贴片焊接和机器贴片焊接两种。

1）准备 PCB 1 块、热风焊接台 1 台、镊子 1 把。

2）工作前，需要把热风焊接台温度调节到 380℃、风速 1 档。

3）取下需要更换的元件：

①使用热风焊接台上的热风枪先给 PCB 预热 3~4s，然后把热风枪的枪口逐渐移到需要更换的元件上，此时需要用镊子夹住元件，如图 1-52 所示。

②当需要更换的元件上的焊锡受到热风枪高温加热后，会熔化，PCB 上需要更换的元件因自身的重量会自动脱落，此时需要用镊子把元件拿走，同时移开热风枪，如图 1-53 所示。

图 1-52 给需要更换的元件加热

图 1-53 需要更换的元件脱落

（图片源自：中亚成科技）

4）更换新的元件：

①使用热风焊接台上的热风枪对准更换元件的焊盘，当焊锡熔化时，用镊子把新的元件放到焊盘上，焊脚对准焊盘，如图 1-54 所示。

②先移开热风枪，等焊锡冷却后，再把镊子松开，如图 1-55 所示。

图 1-54 把新的元件放到焊盘上

图 1-55 更换结束

（图片源自：中亚成科技）

1.5 数字万用表

贴片焊接

1. 作用

数字万用表是一种多功能、多量程的测量仪表，能测量直流电流、直流电压、交流

电压、交流电流、电容、电阻等参数。

数字万用表各
档位介绍

2. 数字万用表各档位介绍

1）液晶显示屏，如图 1-56 所示。

2）数据保持 / 背光灯 / 功能切换键，如图 1-57 所示。

3）晶体管测试插孔，如图 1-58 所示。

图 1-56　液晶显示屏　　　图 1-57　数据保持 / 背光灯 / 功能切换键　　图 1-58　晶体管测试插孔

（图片源自：中亚成科技）

4）手电筒 / 电容相对值键，如图 1-59 所示。

5）关机档，如图 1-60 所示。

6）晶体管放大倍数测量档，如图 1-61 所示。

图 1-59　手电筒 / 电容相对值键　　　　图 1-60　关机档　　　　图 1-61　晶体管放大倍数测量档

（图片源自：中亚成科技）

7）直流电压测量档，如图 1-62 所示。

8）交流电压测量档，如图 1-63 所示。

9）感应电压测量档，如图 1-64 所示。

图 1-62　直流电压测量档

图 1-63　交流电压测量档

图 1-64　感应电压测量档

（图片源自：中亚成科技）

10）直流电流测量档，如图 1-65 所示。

11）交流电流测量档，如图 1-66 所示。

12）通断和二极管档，如图 1-67 所示。

图 1-65　直流电流测量档

图 1-66　交流电流测量档

图 1-67　通断和二极管档

（图片源自：中亚成科技）

13）电阻测量档，如图 1-68 所示。

14）电容测量档，如图 1-69 所示。

15）功能量程旋钮，如图 1-70 所示。

图 1-68　电阻测量档

图 1-69　电容测量档

图 1-70　功能量程旋钮

（图片源自：中亚成科技）

16）测量小于 200mA 电流插孔，如图 1-71 所示。

17）测量小于 20A 电流插孔，如图 1-72 所示。

图 1-71　测量小于 200mA 电流插孔　　　图 1-72　测量小于 20A 电流插孔

（图片源自：中亚成科技）

18）公共端插孔，如图 1-73 所示。

19）测量电压 / 电阻 / 电容等插孔，如图 1-74 所示。

图 1-73　公共端插孔　　　图 1-74　测量电压 / 电阻 / 电容等插孔

（图片源自：中亚成科技）

3. 数字万用表构成部分

1）数字万用表主体，如图 1-75 所示。

2）数字万用表表笔，如图 1-76 所示。

图 1-75　数字万用表主体　　　图 1-76　数字万用表表笔

（图片源自：中亚成科技）

4. 表笔插入方法

黑色表笔插接在公共端插孔，如图 1-77 所示；红色表笔按需要来选择插接。

（1）测量电压、电阻、电容　接专门用于测量电压、电阻、电容的插孔，如图 1-78 所示。

图 1-77　黑色表笔插孔　　图 1-78　红色表笔接右上角插孔（电压、电阻、电容）

（图片源自：中亚成科技）

（2）测量电流　接专门用于测量电流的插孔。

1）测量小于 20A 电流，接标有 20A 的插孔，如图 1-79 所示。

2）测量小于 200mA 电流，接标有 mA 的插孔，如图 1-80 所示。

表笔插孔

图 1-79　红色表笔接左下角插孔（小于 20A 电流）　　图 1-80　红色表笔接左上角插孔（小于 200mA 电流）

（图片源自：中亚成科技）

5. 开机、关机

1）开机——把数字万用表功能量程旋钮顺时针或者逆时针旋转一个档位，如图 1-81 所示。

2）关机——把数字万用表功能量程旋钮旋转到 OFF 档，如图 1-82 所示。

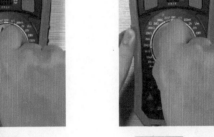

万用表开关机

图 1-81 开机   图 1-82 关机

（图片源自：中亚成科技）

6. 测量电压

万用表测量
电压

1）数字万用表功能量程旋钮调整到直流电压档 20V，黑色表笔头接地，如图 1-83 所示。

2）红色表笔头按测试需要选择接测量点，当前测量到的电压是 3.28V，数字万用表显示屏显示 3.28V，如图 1-84 所示。

图 1-83 调整到电压测量档   图 1-84 显示测量电压

（图片源自：中亚成科技）

7. 测量电阻

1）把数字万用表功能量程旋钮调整到电阻测量档，如图 1-85 所示。

2）两根表笔头分别放在电阻两端进行测量，数字万用表显示屏显示 OL，说明前面调整的电阻档位量程比需要测量的电阻小，需要重新对档位进行调整，如图 1-86 所示。

万用表测量
电阻

图 1-85　调整到电阻测量档　　图 1-86　表笔在电阻两端进行测量

（图片源自：中亚成科技）

3）调整电阻量程后，测量电阻值是 47.2kΩ，如图 1-87 所示。

4）再测量另一个电阻，电阻值是 4.6kΩ，如图 1-88 所示。

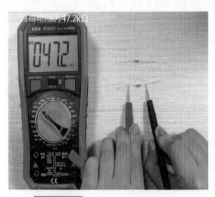

图 1-87　测量电阻值（1）　　　　图 1-88　测量电阻值（2）

（图片源自：中亚成科技）

1.6　装配安全

1. 装配前

1）牢固树立"安全第一"的思想，严格遵守安全操作规程。

2）上岗前，操作者必须安全着装（穿戴好防护用品）操作旋转机械设备（手电钻、台式钻床等），操作者严禁戴手套操作，女生必须把辫子盘入帽内才能启用相应设备。

3）检查工作场地和电器及机械设备，排除故障，消除安全隐患。

4）工作场地的任何电器设备，没有经过检验，一律视为有电，严禁用手或导电物品（铁丝、螺钉、曲别针等金属用品）去接触、探试电源插座的内芯。

2. 装配中

1）装配时，要特别注意细小零件、部件、组件及装配工具的正确摆放，以避免其在装配过程中滚落地面，造成损伤。

2）电烙铁的外壳必须保证其可靠接地，防止电烙铁出现漏电现象。

3）使用电烙铁时，必须检查其外壳是否漏电，使用结束后，必须立即断电。

4）严禁把电烙铁直接放在桌子和易燃物品附近，必须将其放在电烙铁架子上；电烙铁头的温度不能长时间处于高温状态，间歇不用时，需要及时把电烙铁头的温度调到低温；操作者离开岗位30min以上，必须切断电烙铁的电源；电烙铁使用结束后，需要拔掉电源插头，等待电烙铁温度完全冷却下来后，才能把电烙铁收回工具箱内。

5）使用热风枪时，应特别注意：起动热风枪电源，热风枪必须放在热风枪的枪架子上，保证热风枪出风口的畅通，前面不能有阻碍物；使用结束后，必须把热风枪放回到热风枪的枪架子上，待出风口冷却后，才能存放回专门的工具柜内，其附近不能有易燃、易爆的物品。

6）严禁在同一个多口插座上同时使用多个电器；严禁操作者随意拆卸、安装电源线路、插座、插头等。

7）使用电动工具一定要先进行检查，例如，电动工具有没有安全保护装置，有没有漏电现象；发现异常情况，严禁使用。

8）遇到雷雨天气，要停止使用电器，防止遭受雷击；电器长期搁置不用，容易受潮、受腐蚀而损坏，重新使用前，需要认真检查。

9）使用台式钻床时，要严格遵循台式钻床操作规程：钻头和工件要装卡牢固可靠，装卸钻头要用专门钥匙，不得使用手锤和其他工具敲打；操作时严禁戴手套，女生要戴工作帽，工作服袖口要扎紧；不准用手摸旋转的钻头和其他运动部件，运转设备未停稳时，禁止用手制动；变速时必须停机；进行5mm以上的钻孔时，要将工件装夹好，禁止用手持工件加工；钻削脆性材料时，一定要佩戴防护眼镜；使用台式钻床结束后，必须关闭其电源。

3. 装配后

1）无人机装配结束后，不允许直接装桨叶，需要先进行无桨调试，待调试合格后，再装桨叶。安装螺旋桨叶的要点就是：保证安全！

2）在安装螺旋桨叶前，一定要确认以下两点：

① 无人机必须处于断电状态！

② 遥控器必须处于关闭状态！

如果不按照规定安装螺旋桨叶，就容易造成安全事故，如图1-89所示。

图 1-89　被螺旋桨叶打伤的手

（图片源自：FOXEER）

3）锂电池充电时，必须使用平衡充电器进行充电；充电期间，必须要有人值班；电池充满电的电压不能超过 4.2 V，电池过度充电，极有可能导致电池鼓包，甚至出现爆炸。

4）锂电池长期不使用时，应进行放电处理；锂电池属于易燃、易爆物品，必须分类妥善保存。

4. 试飞

1）试飞时，必须在无人区域或者在周边有围栏保护的区域进行，以防发生事故。

2）无人机起飞时，必须保持与操作者 5 m 以上的距离，严禁近距离起飞。

3）无人机降落时，严禁用手直接去接无人机。

4）无人机飞行结束后，必须确保遥控器已上锁，然后再切断无人机电源。

复习思考题

1. 中国民用航空局对无人机的定义：无人机（＿＿＿＿＿＿＿，UA）是由＿＿＿＿＿（包括＿＿＿＿或＿＿＿＿）的＿＿＿＿。

2. 无人机装调检修工的定义为：使用＿＿＿、＿＿＿、＿＿＿和＿＿＿＿，对无人机进行＿＿＿＿、＿＿＿、＿＿＿、＿＿＿与＿＿＿的人员。

3. 无人机装调检修工主要工作任务包括，根据无人机的＿＿＿＿等相关要求，对无人机进行＿＿＿＿、＿＿＿及＿＿＿。

4. 按照＿＿＿等相关要求，使用＿＿＿＿进行无人机的＿＿＿＿。

5. 使用相关＿＿＿＿和＿＿＿，进行无人机＿＿＿和＿＿＿模块的＿＿＿与＿＿＿。

6. 使用＿＿＿＿＿及＿＿＿进行无人机各系统＿＿＿、＿＿＿＿和＿＿＿。

7. 使用相关＿＿＿，根据故障诊断结果进行无人机＿＿＿。

8. 使用＿＿＿＿＿＿和＿＿＿对＿＿＿＿的无人机进行＿＿＿＿。

9. 根据_____手册，对无人机_____模块进行_____。

10. ____无人机设备装配、____、____、____等报告。

11. 电烙铁的电源插头一定要使用_____插头，这样才能使电烙铁_____，确保__
____。

12. 使用电烙铁时，必须处在_____中使用。

13. 使用电烙铁前，一定要认真检查_____和_____，确保_____。

14. 使用电烙铁中，千万不能____电烙铁，以防电烙铁上的_____周围其他人。

15. 使用电烙铁后，应立即_____，一定要_____，待电烙铁_____后，再
将电烙铁放回工具箱。

16. _____是为了防止无人机飞行时，因_____而可能发生无人机摔机的后果，
以__、__等形式来____或____无人机驾驶员的电子产品。

17. 焊接前，焊盘的____必须保持___；将_____到适当的___。

18. 贴片焊接方法有_____焊接和_____焊接两种。

19. 牢固树立"_____"的思想，严格遵守_____规程。

20. 上岗前，操作者必须_____（_____）。

21. 检查_____和____及___设备，_____，消除_____。

22. 工作场地的_____设备，没有_____，_____视为有__，严禁用__或_____（铁丝、
螺钉、曲别针等金属用品）去____、____电源插座的____。

23. 装配时，要特别注意_____、____、____及_____的正确摆放，以避免其在装配过
程中滚落地面，造成____。

24. 电烙铁的____必须保证可靠____，防止____出现__电现象。

25. 严禁把_____直接放在___和_____附近，必须将其放在_____上。

26. 使用热风枪时，应特别注意：起动热风枪电源，热风枪必须放在_____，保
证热风枪_____，前面不能有_____；使用结束后，必须把热风枪放回到热风枪
的枪架子上，待出风口_____，才能存放回专门的工具柜内，其附近不能有____、____
的物品。

27. 无人机装配结束后，_____直接装桨叶，需要先进行_____，_____后，再装____。

28. 锂电池充电时，必须使用_____进行充电；____期间，必须要有人____。

29. _____属于___、___物品，必须_____。

30. ___时，必须在___区域或者在周边有_____区域进行，以防发生事故。

31. 无人机起飞时，必须保持与操作者___以上的距离，严禁_____起飞。

32. 无人机___时，严禁_____无人机。

33. 无人机飞行结束后，必须确保_____，然后_____无人机___。

第 2 章　无人机装调检修工初级实操训练 ——450 型无人机

2.1　认识装配零件、组件及工具

1. 教学建议

建议学时为 8h。

2. 训练器材

450 型无人机装配零件、组件及工具明细，见表 2-1。

3. 训练要求

1）认识装配无人机的每个零部件，了解每个零部件在无人机飞行中的作用及用途。

2）会正确使用装配的常用工具。

3）会正确使用电烙铁。

4）会正确使用遥控器。

4. 训练难点

1）正确使用螺钉旋具，确保装配过程不会拧伤、拧坏螺栓（螺钉）、螺母。

2）正确使用电烙铁，确保焊盘的焊接点光滑、圆润、牢固、可靠、无虚焊。

3）正确使用遥控器，熟悉遥控器的开关及使用方法。

5. 训练要领

1）装机过程需要拧螺栓时，要学会正确使用螺钉旋具，确保拧紧螺栓时，既要拧紧螺栓，又不会拧坏螺栓。要做到这点，首先在选择螺钉旋具时，一定要选择与需要拧紧的螺栓型号、规格完全一致的工具；其次在拧紧螺栓时，螺钉旋具一定要垂直于螺栓。

表 2-1 450 型无人机装配零件、组件及工具明细表

序号	名称	规格	数量	图片	序号	名称	规格	数量	图片
1	PCB 上板	96mm×96mm	1		9	Fs-Ai6 接收机		1	
2	PCB 下板	118mm×180mm	1		10	螺钉旋具（内六角）	M2、M2.5	各1	
3	机臂	220mm×19mm×16mm	各2		11	圆头内六角螺栓	M2、M2.5	20	
4	电调 20A	2~4s	4		12	尖嘴镊子		1	

序号	名称	规格	数量	图示
5	221 电动机	顺时针、逆时针	各 2  	
6	自锁桨	正、反桨	各 2  	
7	DJI NAZA-M-Lite 飞控	主控器、多功能模块、全球定位系统（GPS）	1	
8	Fs-i6 遥控器		1	
13	尼龙扎带	5mm×200mm	40	
14	尖嘴钳	130mm×65mm	1	
15	双面胶带	3cm×1m	1	
 16	电源管理单元（PMU）	多功能模块	1	

2）装机过程需要焊接电子元件时，要学会正确使用电烙铁，确保焊盘焊接坚实、牢固、无虚焊。焊接前应特别注意：要预先将焊盘加热到适当的温度，再给焊盘上锡，然后再实施焊接；焊接后，一定要检查焊接元件是否牢固。

2.2　450 型无人机装配示范

无人机装配示范

1. 教学建议

（1）学时　建议学时为 6h。

（2）训练器材　450 型无人机装配的零件、组件及工具明细表，见表 2-1。

（3）训练要求

1）按照 450 型无人机装配示范，正确装配 450 型无人机。

2）在装配过程中，正确使用装机工具，确保不损伤零件和组件。

3）在装配过程中，正确使用电烙铁，确保焊接的元件全部牢固、可靠。

（4）训练难点

1）正确使用螺钉旋具，确保装配过程不会拧伤、拧坏螺栓（螺钉）、螺母。

2）正确使用电烙铁，确保焊盘的焊接点光滑、圆润、牢固、可靠、无虚焊。

（5）训练要领　参见 2.1 节（5.训练要领）内容。

2. 450 型无人机配件

1）450 型装机零部件，如图 2-1 所示。

2）遥控器与接收机，如图 2-2 所示。

图 2-1　450 型装机零部件

图 2-2　遥控器与接收机

3. 450 型无人机下板焊接及装配无人机部分零部件

1）使用电烙铁先给下板上锡，如图 2-3 所示。

2）使用螺钉旋具清理焊渣。

3）使用电烙铁焊接电源线，如图 2-4 所示。

图 2-3　下板上锡

图 2-4　焊接电源线

4）安装飞控，把胶带粘贴在飞控背面，再把胶带撕下，利用胶带的黏性，将飞控粘接到下板上，如图 2-5 所示。

5）利用胶带的黏性，把电源管理单元（Power Management Unit，PMU）粘接到下板上，如图 2-6 所示。

图 2-5　粘接飞控

图 2-6　粘接 PMU

6）连接电源线与 PMU，如图 2-7 所示。

4. 装配电动机、电调

1）在机臂上装配电动机，把电动机的 3 根线从机臂上穿出，让电动机露出线，如图 2-8 所示。

图 2-7　连接电源线与 PMU

图 2-8　装配电动机，把电动机的 3 根线从机臂上穿出

2）用镊子夹住电动机的线与电调线，再用电烙铁分别焊接 3 根线，共 4 组，如图 2-9 所示。

3）安装电调，利用胶带的黏性把电调粘到机臂的背面，如图 2-10 所示。

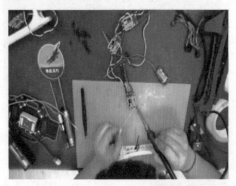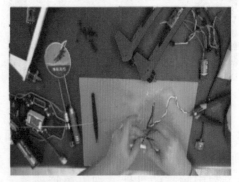

图 2-9　焊接电动机线与电调线

5. 装配机臂

将上板反过来，安装机臂，用螺钉旋具拧紧 M2.5 的螺栓，如图 2-11 所示。

图 2-10　电调粘到机臂的背面　　　　图 2-11　装配机臂

6. 焊接电调

把机架翻转过来，给电调线上锡，用镊子夹住电调线，与上板接点焊接，同样的动作重复 8 次，把 4 组电调线全部焊接好，如图 2-12 所示。

图 2-12　焊接电调

7. 装配接收机及 LED 灯

1）插电调排线。接收机与遥控器、飞控的连接，是通过插线插入卡槽的方式实现的。飞控卡槽 1、2、3、4 分别代表遥控器控制的前、后、左、右，第 5 个卡槽代表上、下通道。将电调排线按照 1、2、3、4、5 的顺序插入飞控相应编号的卡槽，即可完成连接，如图 2-13 所示。

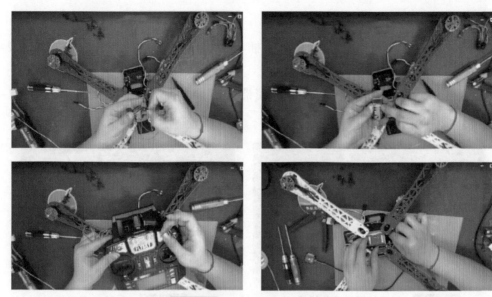

图 2-13　电调线插入飞控卡槽

2）把接收机（利用胶带黏性）粘到上板，如图 2-14 所示。

3）安装 LED 灯，把 LED 灯的插头插入飞控 LED 接口位置，如图 2-15 所示。

图 2-14　装配接收机

图 2-15　LED 灯插入飞控接口

8. 通电检查

插上电源插头时，LED 灯会一直闪亮；再跟遥控器连接，遥控器处于关闭状态，如图 2-16 所示。

图 2-16　通电检查

9. 对频

1）拔掉电源线插头，拿出对频线，插在接收机插口 1-1cc 的位置，如图 2-17 所示。

2）打开遥控器开关，再通电，遥控器上立即就会显示对频成功，如图 2-18 所示。

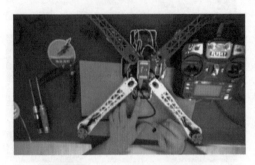

图 2-17　对频线插入接收机插口　　　　图 2-18　对频成功

3）拔掉对频线，拔掉电源插头。

10. 整理、加固

1）整理安装线。

2）加尼龙扎带，进行固定，如图 2-19 所示。

11. 安装 GPS

1）安装 GPS 时，确保其不能有任何松动，必须用热熔胶把 GPS 的上、下端都固定住，如图 2-20 所示。

图 2-19　加尼龙扎带，进行固定

图 2-20　用热熔胶把 GPS 的上、下端固定

2）安装 GPS 时，GPS 上的箭头必须与飞控上的箭头一致，如图 2-21 所示。

3）装上板及 GPS，如图 2-22 所示。

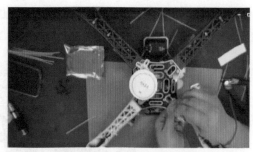

图 2-21　GPS 上的箭头必须与飞控上的箭头一致　　　　图 2-22　装上板及 GPS

12. 组装结束（见图 2-23）

图 2-23　组装结束

2.3　450 型无人机飞控与遥控器连接调试示范

飞控与遥控器连
接调试

1. 教学建议

（1）学时　建议学时为 6h。

（2）训练器材　450 型无人机、计算机、NAZA 飞控、遥控器。

（3）训练要求

1）按照 450 型无人机飞控与遥控器连接调试示范，正确调试飞控、遥控器。

2）学会正确安装、使用 NAZA.M- Lite 软件，掌握闭源飞控调试方法。

3）学会正确调试遥控器。

（4）训练难点

1）正确安装、使用 NAZA.M- Lite 软件。

2）学会闭源飞控调试步骤及方法。

3）学会遥控器与飞控连接调试步骤及方法。

2. 软件

1）打开计算机，安装 NAZA.M- Lite 软件，下载地址是：http:www.dji.com/cn/

naza-m-lite/download; 允许应用对设备进行更改。

2）用户登录 NAZA.M -Lite 软件，连接 NAZA 飞控，如图 2-24 所示。

图 2-24　连接飞控

3. 飞控调试

1）选择飞行器，再选择飞控，如图 2-25 所示。

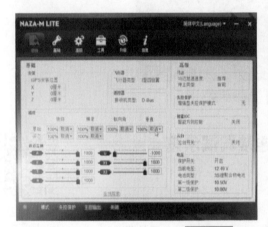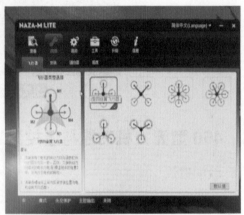

图 2-25　选择飞行器与飞控

2）选择 X、Y、Z 轴，如图 2-26 所示。

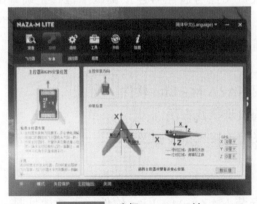

图 2-26　选择 X、Y、Z 轴

3）飞控与遥控器连接，按回车键，如图 2-27 所示。

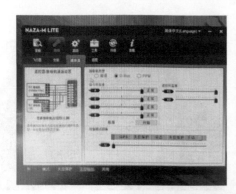
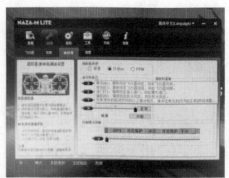

图 2-27　飞控与遥控器连接

4. 遥控器与飞控进行连接调试

1）遥控器各手柄、开关明细，如图 2-28 所示。

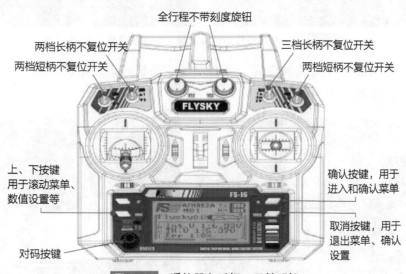

图 2-28　遥控器各手柄、开关明细

（图片源自：富斯）

2）双手拨动遥控器的上、下复位开关，遥控器显示屏上直接显示"TX 电压 4.8V，RX 电压 5.16V"，如图 2-29 所示。

图 2-29　双手拨动遥控器的上、下复位开关

3）左手按住滚动菜单键，右手按住确认单键，屏幕会分别显示"菜单：系统、功能"；当选择功能键会显示"正逆转、最大舵量、通道显示、辅助通道"等，如图 2-30 所示。

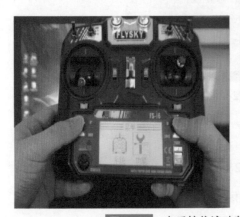

图 2-30　左手按住滚动菜单键，右手按住确认单键

4）右手拨动复位开关及确认键，屏幕显示"系统：记忆微调、比率 / 曲线、油门曲线、混控"，如图 2-31 所示。

图 2-31　右手拨动复位开关及确认键

5）左、右手同时拨动摇杆，如图 2-32 所示。

图 2-32　左、右手同时拨动摇杆

6）单击软件上面第 2 点后，遥控器与飞控连接调试结束，如图 2-33 所示。

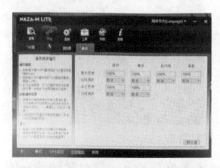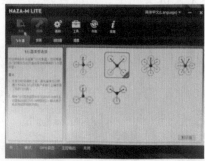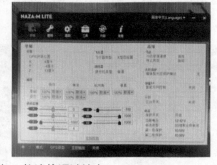

图 2-33　遥控器与飞控连接调试结束

2.4　450 型无人机校准

1. 教学建议

（1）学时　建议学时为 2h。

（2）训练器材　450 型无人机、遥控器。

（3）训练要求

1）按照 450 型无人机校准示范，学会陀螺仪的校准。

2）按照 450 型无人机校准示范，学会检查、判别电动机的转动方向。

（4）训练难点

无人机校准

1）陀螺仪的校准。

2）判别电动机的转动方向。

2. 通电、陀螺仪校准

1）反复拨动遥控器 SWC 通道开关（7 次以上），进入校准模式（黄灯常亮），如图 2-34 所示。

图 2-34　黄灯常亮

2）将无人机平放，顺时针转动一圈；将无人机头朝下，顺时针转动一圈，反复做这个动作，直到绿灯常亮，如图 2-35 所示。

图 2-35　绿灯常亮

3. 检查电动机转动方向

用手轻触电动机，检查电动机转动的方向，左上方和右下方电动机的转动方向应为顺时针；左下方和右上方电动机的转动方向应为逆时针。如果发现电动机转动方向不对，则可通过任意调换两根电动机的接线来改变其转动方向，如图 2-36 所示。

4. 安装桨叶

顺时针旋转的电动机装反桨，逆时针旋转的电动机装正桨，如图 2-37 所示。

图 2-36　检查电动机转动方向

图 2-37　安装桨叶

2.5　试飞

试飞

1. 教学建议

（1）学时　建议学时为 2h。

（2）训练器材　450 型无人机、遥控器。

（3）训练要求

1）按照正确摆放、解锁 450 型无人机的示范，学会正确摆放、解锁 450 型无人机。

2）按照正确操控遥控器并使 450 型无人机平稳起飞的示范，学会正确操控遥控器，使 450 型无人机平稳起飞。

（4）训练难点

1）学会正确摆放、解锁 450 型无人机。

2）正确操控遥控器，使 450 型无人机平稳起飞。

2. 正确摆放、解锁无人机

将无人机平放至空旷安全的地方。无人机飞行时，特别要注意周边的人身安全，使用遥控器给无人机解锁，如图 2-38 所示。450 型无人机解锁后，正确操控遥控器，使 450 型无人机平稳起飞，如图 2-39 所示。

图 2-38　使用遥控器给无人机解锁

图 2-39　操控遥控器使无人机平稳起飞

第 3 章　无人机装调检修工中级实操训练 ——500 型无人机

3.1　认识装配零件及组件

1. 教学建议

建议学时为 4h。

2. 训练器材

500 型无人机装配套件明细，见表 3-1。

表 3-1　500 型无人机装配套件明细

序号	名称	数量	图片	序号	名称	数量	图片
1	底板	1		6	电动机底座	各 2	
2	上板	1		7	无刷电动机	各 2	
3	机臂碳杆	4		8	螺旋桨叶	各 2	
4	机臂卡扣	4		9	机身前后挡板	2	
5	管扣	4		10	机身左右挡板	2	

（续）

序号	名称	数量	图片	序号	名称	数量	图片
11	盖	1		18	蜂鸣器	1	
12	飞控	1		19	USB 模块	1	
13	电子调速器	4		20	电池盒上板	1	
14	接收机	1		21	电池盒挡板	2	
15	安全监视器	1		22	电池座底板	1	
16	电压报警器	1		23	GPS 模块	1	
17	电流计	1		24	I8 遥控器	1	

3. 训练要求

1）认识装配的每个零部件，了解每个零部件在无人机飞行中的作用。

2）会正确使用装配的常用工具。

3）会正确使用电烙铁。

4）会正确使用遥控器。

4. 训练难点

参见 2.1（4. 训练难点）内容。

5. 训练要领

参见 2.1（5. 训练要领）内容。

3.2　500 型无人机装配示范

1. 教学建议

（1）学时　建议学时为 6h。

（2）训练器材　500 型无人机装配的零件、组件明细，见表 3-1。

（3）训练要求

1）按照 500 型无人机装配示范，正确装配 500 型无人机。

2）在装配过程中，正确使用装机工具，确保不损伤零件和组件。

3）在装配过程中，正确使用电烙铁，确保焊接的元件全部牢固、可靠。

（4）训练难点

1）正确使用螺钉旋具，确保装配过程不会拧伤、拧坏螺栓（螺钉）、螺母。

2）正确使用电烙铁，确保焊盘的焊接点光滑、圆润、牢固、可靠、无虚焊。

（5）训练要领　参见 2.1（5. 训练要领）内容。

2. 机架安装

（1）安装铝柱　如图 3-1 所示，将螺栓（螺钉）插入铝柱，把铝柱安装到画有红色标志的无人机底板上，共需要安装 18 个机架铝柱。

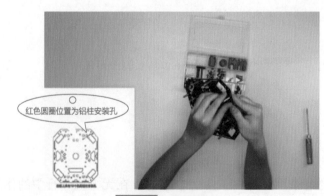

安装铝柱

图 3-1　安装铝柱

（2）安装管扣　将管扣和安装管扣的螺栓（螺钉）安装到有紫色标志的无人机底板上，共需要安装 4 个管扣，如图 3-2 所示。

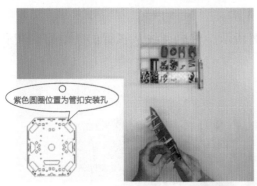

图 3-2　安装管扣

（图片源自：中亚成科技）

安装管扣

（3）安装无人机支撑脚架　按照图 3-3 中红色标记所示，将支撑脚架的孔通过螺栓与螺母连接，把支撑脚架固定到无人机的底板上，共需要固定 2 个支撑脚架。

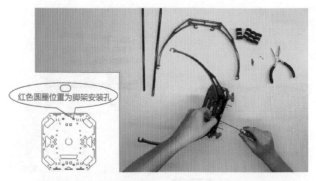

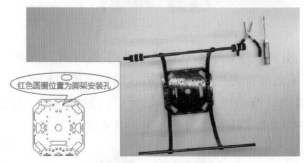

安装脚架

图 3-3　安装支撑脚架

（图片源自：中亚成科技）

3. 电动机、电调与机臂连接

（1）安装电动机座　按照图 3-4 的图例所示，取顺时针（CCW）电动机、逆时针（CW）电动机各 1 个，分别装到 2 个红色电动机座上，再取顺时针（CCW）电动机、逆时针（CW）电动机各 1 个，分别装到 2 个黑色电动机座上，将电动机线穿过电动机的底座，对准安装孔位，用螺栓拧紧，共4组。

（2）电调线穿管　按照图3-5的图例所示，将电调线从机臂的一端穿到机臂的另外一端，共4组。

安装电动机

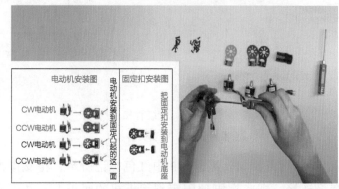

图 3-4　安装电动机座

（图片源自：中亚成科技）

安装电调

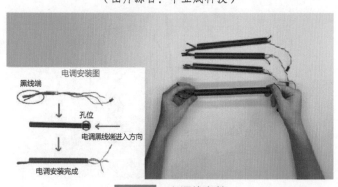

图 3-5　电调线穿管

（图片源自：中亚成科技）

（3）电动机线、电调线连接　按照图3-6的图例所示，将电动机上的3根线与穿管后的电调3根线任意连接，再把电动机座通过螺栓连接到机臂上，共4组。

（4）管套装入机臂　按照图3-7的图例所示，把线穿越，再把管套装到机臂上，管套上的螺纹孔要与机臂上的孔在同一条线上，共4组。

电动机连接
电调

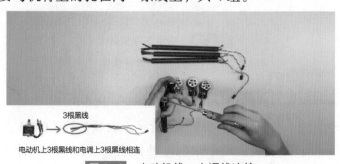

图 3-6　电动机线、电调线连接

（图片源自：中亚成科技）

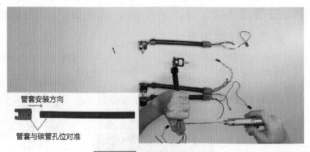

安装管套

图 3-7 管套装入机臂

（图片源自：中亚成科技）

（5）安装机臂 按照图 3-8 的图例所示，把装有顺时针 CCW 电动机的机臂装到无人机底板的右上角和左下角，把装有逆时针 CW 电动机的机臂安装到无人机底板的左上角和右下角，共 4 组。

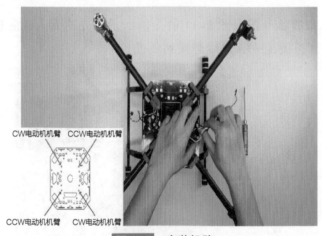

安装机臂

图 3-8 安装机臂

（图片源自：中亚成科技）

4. 焊接

（1）焊接电调 按照图 3-9 的图例所示，先给无人机底板焊接点上锡，焊接电调电源线时，红线焊接到正极（+），黑线焊接到负极（-）。

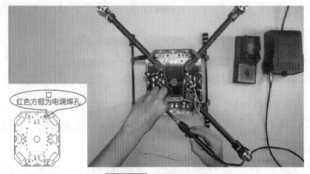

焊接电调

图 3-9 焊接电调

（2）焊接电流计　按照图 3-10 的图例所示，先给无人机底板电流计焊接点上锡，红线焊接到正极（+），黑线焊接到负极（-）。

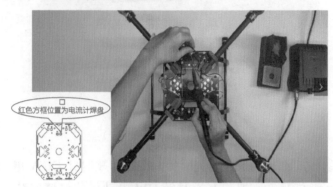

焊接电流计

图 3-10　焊接电流计
（图片源自：中亚成科技）

（3）焊接电压报警器　按照图 3-11 的图例所示，先给无人机底板电压报警器焊接点上锡，红线焊接到正极（+），黑线焊接到负极（-）。

焊接电压
报警器

图 3-11　焊接电压报警器
（图片源自：中亚成科技）

5. 飞控

（1）与电调连接　如图 3-12 所示，把 M1、M2、M3、M4 分别插入飞控的相应端口，红线为正极（+）、黑线为负极（-）、白线为信号线，从飞控的第 7 个槽开始，对应插入 M1、M2、M3、M4 的电调接口。

（2）与接收机连接　如图 3-13 所示，把接收机上的端子直接插入飞控相应的端口，接收机的红线为正极（+）、棕线为负极（-）、黄线为信号线。

（3）固定

1）飞控。使用双面胶把飞控粘在无人机底板中心位置时，飞控上的箭头标志要对着两个红色底座电动机的中间方向，如图 3-14 所示。

2）接收机。用双面胶固定接收机，贴在飞控的左边，如图 3-15 所示。

把M1、M2、M3、M4机臂上的黑白色线端子插接到对应左下图上M1、M2、M3、M4的端口上
（端子上的黑线为负极，白线为信号线）

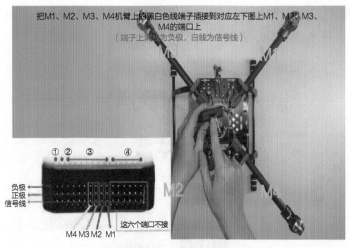

飞控与电调
连接

负极
正极
信号线

M4 M3 M2 M1 　这六个端口不接

图 3-12　飞控与电调连接

（图片源自：中亚成科技）

把接收机上的端子插接到飞控上，如左下图所示的端口上
（接收机上的黑线为负极，红线为正极，黄线为信号线）

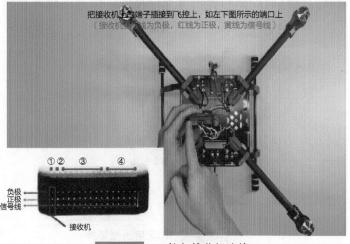

飞控与接收机
连接

负极
正极
信号线

接收机

图 3-13　飞控与接收机连接

固定接收机

（图片源自：中亚成科技）

固定飞控

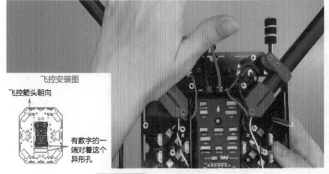

飞控安装图

飞控箭头朝向

有数字的一
端对着这个
异形孔

图 3-14　固定飞控

图 3-15　固定接收机

（图片源自：中亚成科技）

3）侧板。把两块异形侧板插入无人机底板的左右两侧槽内，把两块方形侧板插入无人机底板的上、下两侧槽内，如图 3-16 所示。

插入侧板

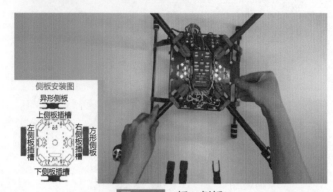

图 3-16　插入侧板

（图片源自：中亚成科技）

4）电压报警器。将双面胶粘到电压报警器背面，把电压报警器固定在下侧板，如图 3-17 所示。

固定电压
报警器

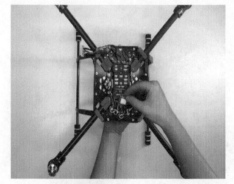

图 3-17　固定电压报警器

（图片源自：中亚成科技）

（4）与安全解锁器连接　把安全解锁器插接到飞控 SWITCH 接口，如图 3-18 所示。

飞控与安全解
锁器连接

图 3-18　飞控与安全解锁器连接

（图片源自：中亚成科技）

（5）与蜂鸣器连接　把蜂鸣器插接到飞控 BUZZER 接口，如图 3-19 所示。

飞控与蜂鸣器
连接

图 3-19　飞控与蜂鸣器连接

（图片源自：中亚成科技）

（6）与 USB 模块连接　把 USB 模块上 USB 线插入飞控 USB 接口，如图 3-20 所示。

飞控与 USB
模块连接

（7）与电流计连接　把电流计数据端插入飞控 POWER 接口，如图 3-21 所示。

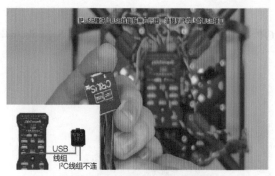

图 3-20　飞控与 USB 模块连接

图 3-21　飞控与电流计连接

（图片源自：中亚成科技）

（8）安装电源接口　把电流计黄色电源接口装到无人机上板电源位置，使用螺钉旋具拧紧螺柱，如图 3-22 所示。

飞控与电流计
连接

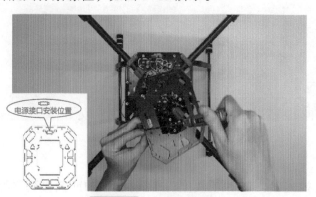

图 3-22　安装电源接口

（图片源自：中亚成科技）

安装电源
接口

（9）安装上板　整理外置模块（安全解锁器、蜂鸣器通过底板孔放到底板后面），把上板槽插入底板侧板，使用螺钉旋具拧紧螺柱，固定，如图 3-23 所示。

安装上板

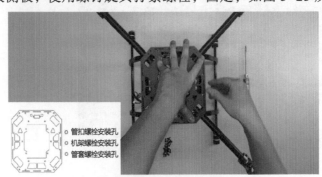

图 3-23　安装上板

（图片源自：中亚成科技）

（10）安装电池盒　用螺钉旋具把螺栓拧到电池盒底座板上，再把铝柱穿上，套上电池盒前挡板。装电池盒上板时要注意：盒盖上的箭头一定要朝向前挡板，用螺柱固定，后挡板扣入电池盒，如图 3-24 所示。

（11）固定 GPS 模块　利用双面胶把 GPS 固定在电池盒上板中间，GPS 箭头与电池盒前挡板方向一致，如图 3-25 所示。

安装电池盒

固定 GPS 模块

图 3-24　安装电池盒

（图片源自：中亚成科技）

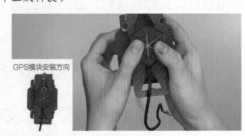

图 3-25　固定 GPS 模块

（图片源自：中亚成科技）

（12）GPS 模块与飞控连接　GPS 模块上两个插头，6PIN 插接到飞控 GPS 接口，4PIN 插接到 2C 接口，如图 3-26 所示。

图 3-26　GPS 模块与飞控连接

（图片源自：中亚成科技）

GPS 模块与飞控连接

6. 固定

（1）电池盒　将电池盒箭头对准电源接口方向，使用螺钉旋具把电池盒固定到无人机上板，如图 3-27 所示。

（2）外置模块

1）USB 模块。利用双面胶把 USB 模块贴到右侧板，如图 3-28 所示。

2）蜂鸣器。利用双面胶把蜂鸣器粘贴到无人机背面，如图 3-29 所示。

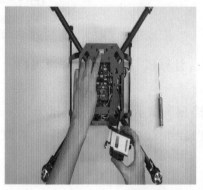

图 3-27　固定电池盒

（图片源自：中亚成科技）

固定电池盒

固定外置模块

3）安全解锁器。利用双面胶把安全解锁器粘贴到无人机背面，如图 3-30 所示。

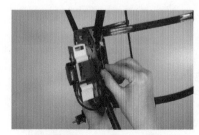 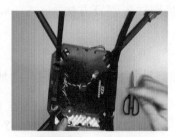 

图 3-28　固定 USB 模块　　　图 3-29　固定蜂鸣器　　　图 3-30　固定安全解锁器

（图片源自：中亚成科技）

7. 校正

把 4 个电动机与机臂校正成垂直（90°），如图 3-31 所示。

校正电动机与
机臂

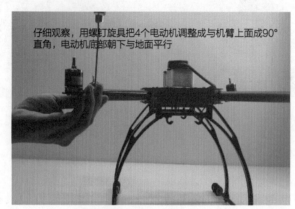

仔细观察，用螺钉旋具把4个电动机调整成与机臂上面成90°
直角，电动机底部朝下与地面平行

图 3-31　校正电动机与机臂

（图片源自：中亚成科技）

3.3　500 型无人机飞控与遥控器连接调试示范

飞控与遥控器连
接调试示范

1. 教学建议

（1）学时　建议学时为 10h。

（2）训练器材　500 型装配的无人机、计算机、Pixhawk 开源飞控、遥控器。

（3）训练要求

1）按照 500 型无人机飞控与遥控器连接调试示范，正确调试飞控、遥控器。

2）学会正确安装、使用 Mission Planner、Pixhawk 软件，掌握开源飞控调试方法。

3）学会正确调试遥控器。

（4）训练难点

1）正确安装、使用 Mission Planner、Pixhawk 软件。

2）学会开源飞控调试步骤及方法。

3）学会遥控器与飞控连接调试步骤及方法。

2. 软件

1）将 USB 插头插入飞控与计算机连接，利用开源地面站 Mission Planner 调试无人机，如图 3-32 所示。

2）在计算机上，通过链接：https://820911.lanzouy.com/iDjx500z2kle，即可下载 MissionPlanner For Rm。Mp 图标如图 3-33 所示。

图 3-32　USB 插头插入飞控　　　　图 3-33　Mp 图标

3）单击 Mp 图标后，出现软件语言选择——"Please select a language"，单击选择按钮，选择"Chinese（Simplified）"，如图 3-34 所示。

4）单击"OK"，将会出现"欢迎使用'MissionPlanner For Radiolink 1.3.49.6'安装向导"界面，如图 3-35 所示。

图 3-34　语言选择　　　　　　　　图 3-35　安装向导

5）单击"下一步"，将会出现"选择安装位置"界面，如图 3-36 所示。

6）单击"安装"，将会出现"欢迎使用设备驱动程序安装向导"界面，如图 3-37所示。

图 3-36　选择安装位置　　　　　　图 3-37　设备驱动程序安装向导

7）单击"下一步"，将会出现"正在完成'MissionPlanner For Radiolink 1.3.49.6'安装向导"，如图 3-38 所示。

8）单击"完成"，将会出现 MissionPlanner 免费开源调试软件界面，如图 3-39所示。

052　无人机装调检修技术与人工智能应用

图 3-38　安装向导程序即将完成

图 3-39　开源调试软件界面

3. 调参软件与飞控连接

1）进入计算机设备管理器，找到 PIX.com 入口，如图 3-40 所示。

2）单击"连接"，如图 3-41 所示。

图 3-40　PIX.com 入口

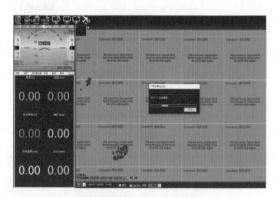

图 3-41　单击"连接"

3）"连接"结束后，摆动飞控，调参软件与飞控已经连接，如图 3-42 所示。

4）选择"初始设置"，如图 3-43 所示。

图 3-42　调参软件与飞控已经连接

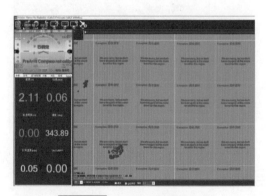

图 3-43　选择"初始设置"

5）选择"必要硬件"，如图 3-44 所示。

6）选择"机架类型"，再选择"X、Y6A"，如图 3-45 所示。

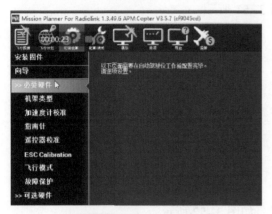

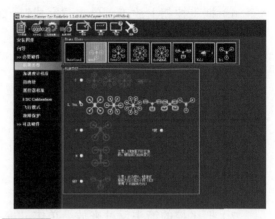

图 3-44　选择"必要硬件"　　　　　图 3-45　选择"机架类型"，再选择"X、Y6A"

4. 飞控校正

1）选择"加速度计校准"，如图 3-46 所示。

2）单击"校准加速度计"，把飞控放正，单击"完成"，如图 3-47 所示。

图 3-46　选择"加速度计校准"　　　　　图 3-47　把飞控放正，单击"完成"

3）把飞控朝左边放正，单击"完成"，如图 3-48 所示。

4）把飞控朝右边放正，单击"完成"，如图 3-49 所示。

图 3-48　飞控朝左边放正　　　　　图 3-49　飞控朝右边放正

5）把飞控朝下放正，单击"完成"，如图 3-50 所示。

6）把飞控朝上放正，单击"完成"，如图 3-51 所示。

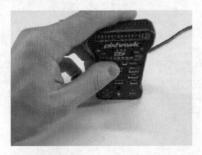
图 3-50　飞控朝下放正

图 3-51　飞控朝上放正

7）把飞控的箭头反过来放，单击"完成"，如图 3-52 所示。

8）水平校正，单击"完成"，如图 3-53 所示。

图 3-52　飞控反过来放

图 3-53　水平校正

5. 指南针校正

（1）不安装 GPS 校准

1）选择指南针"1#"，勾选"使用这个指南针"，不勾选"外部安装"，然后单击"开始"，进度条已经开始变动，如图 3-54 所示。

2）不规则转动飞控，各个角度都要转到，直到进度条完成为止，如图 3-55 所示。

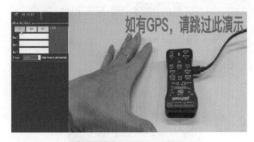
图 3-54　指南针选项

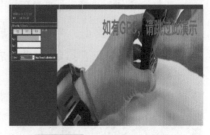
图 3-55　不规则转动飞控

（2）GPS 校准

1）GPS 箭头指向一定要与飞控箭头方向一致，如图 3-56 所示。

2）把 6P 线插接到飞控 GPS 接口，如图 3-57 所示。

图 3-56　GPS 箭头与飞控箭头方向一致

图 3-57　6P 线插接到飞控 GPS 接口

3）把 4P 线插接到飞控 I²C 接口，如图 3-58 所示。

4）选指南针 "1#"，勾选 "外部安装"，单击 "开始"，不规则地转动飞控，直到进度条完成为止，如图 3-59 所示。

图 3-58　4P 线插接到飞控 I²C 接口

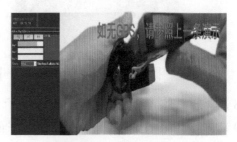

图 3-59　进度条已经开始

（3）遥控器校准

1）取出接收机，如图 3-60 所示。

2）取出遥控器，接收机接口处于飞控下面最左边第 1 排的位置，注意插针颜色顺序：上面是黑色负极（ - ），中间是红色正极（ + ），下面是白色（信号，S），如图 3-61 所示。

3）按顺序把接收机线插入飞控后，接收机红灯亮、对频开始工作，如图 3-62 所示。

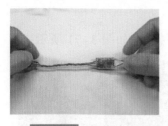

图 3-60　取出接收机

图 3-61　接收机在飞控的位置

图 3-62　接收机红灯亮

4）打开遥控器，接收机已经对频，单击 "遥控器校准"，单击 "OK"，将两个摇杆打到最大位置，如图 3-63 所示。

5）模式开关校准，如图 3-64 所示。

6）油门摇杆向上，副翼摇杆向右，俯仰摇杆向下，如图 3-65 所示。

7）方向摇杆向左，三档飞行模式开关 CH5 向上，如图 3-66 所示。

图 3-63　摇杆打到最大位置

图 3-64　模式开关校准

图 3-65　俯仰摇杆向下

图 3-66　三档飞行模式开关 CH5 向上

8）单击"完整校正"，如图 3-67 所示。

9）单击"飞行模式"，飞行模式在此通道，如图 3-68 所示。

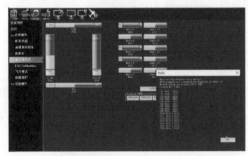
图 3-67　单击"完整校正"

图 3-68　飞行模式在此通道

10）拨动切换开关，看见飞行模式在变化：拨到上面，选择定点模式；拨到中间，选择定高模式；拨到下面，选择自稳模式，如图 3-69 所示。

11）单击"保存模式"，如图 3-70 所示。单击"故障保护"，如图 3-71 所示。

图 3-69　拨动切换开关，看见飞行模式在变化

图 3-70　单击"保存模式"

（4）电池选项设置

1）单击"可选硬件"，如图 3-72 所示。

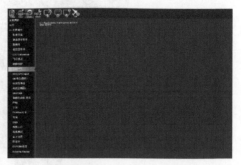

图 3-71 单击"故障保护"　　　　图 3-72 单击"可选硬件"

2）单击"电池监测器"，如图 3-73 所示。

3）单击"传感器"，设置：0 Other ，如图 3-74 所示。

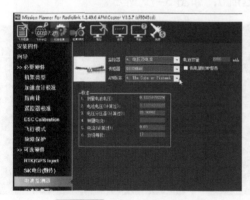

图 3-73 单击"电池监测器"　　　　图 3-74 "传感器"设置

4）单击"监控器"，设置：4 电压及电流，如图 3-75 所示。

5）单击"APM 版本"，设置：4 The Cube or Pixhawk，如图 3-76 所示。

6）单击"电池容量"，根据实际飞行电池容量填写。

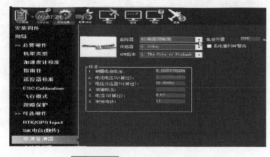

图 3-75 "监控器"设置　　　　图 3-76 "APM 版本"设置

7）单击"基本调参"，如图 3-77 所示。

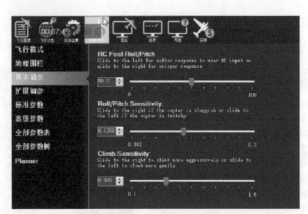

图 3-77　单击"基本调参"

（5）扩展调参

1）单击"扩展调参"，如图 3-78 所示。

2）单击"通道 7 选项"，设置：RTL（返航），如图 3-79 所示。

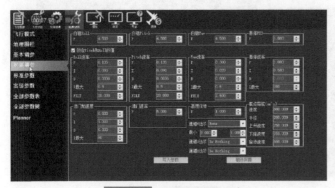 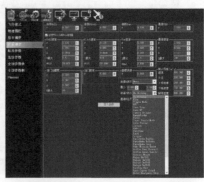

图 3-78　单击"扩展调参"　　　　　图 3-79　"通道 7 选项"设置

3）单击"写入参数"，如图 3-80 所示。

4）单击"Yes"完成参数设置，如图 3-81 所示。

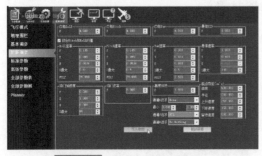 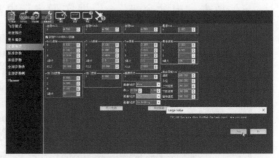

图 3-80　单击"写入参数"　　　　　图 3-81　完成参数设置

5）单击"飞行模式"，如图 3-82 所示。

6）返航后定点降落，如图 3-82 所示。

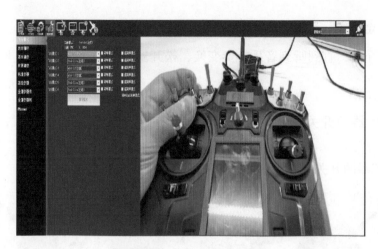

图 3-82　单击"飞行模式"

3.4　飞行前调试

1. 教学建议

（1）学时　建议学时为 2h。

（2）训练器材　500 型无人机、遥控器。

（3）训练要求　按照正确摆放、解锁、上锁 500 型无人机的示范，学会正确摆放、解锁、上锁 500 型无人机。

（4）训练难点　正确摆放、解锁、上锁 500 型无人机。

2. 准备

室内飞行前，先将遥控器飞行模式调整成"自稳模式"，如图 3-83 所示。

3. 通电

给无人机接上电源（电池），注意听声音，如图 3-84 所示。

图 3-83　无人机解锁

图 3-84　无人机通电

4. 长按安全开关

长按安全开关，直到听到音乐节奏变换，松开安全开关，如图 3-85 所示。

5. 解锁、上锁

1）将遥控器的开关向右拨，听到长"滴"声，无人机已经解锁，能飞行，如图 3-86 所示。

2）将遥控器的开关向左拨，听到"滴"声，无人机已经上锁。

图 3-85　长按安全开关

图 3-86　解锁

第4章 无人机装调检修工高级实操训练基础
——穿越机装配件介绍及选用

4.1 电动机

电动机是无人机（穿越机）的动力来源，电动机的转速决定了无人机飞行速度和承载重量，如图4-1所示。

1. 电动机的分类

（1）有刷电动机 有刷电动机（见图4-2、图4-3）是所有电动机的基础，具有以下特点：

1）起动快，制动快。

2）可在大范围内平滑地调速。

3）控制电路相对简单。

图 4-1 无人机上的无刷电动机

（图片源自：新领航电机）

图 4-2 有刷电动机外形

（图片源自：乐迪）

（2）无刷电动机 无刷电动机（见图4-4）中去除了机械式换向器，改由电子电路进行换向，弥补了有刷电动机的缺点，被无人机广泛采用，其具有以下特点：

1）不会产生电火花。

2）运转时摩擦力小，噪声低。

3）可连续工作20000h左右，免维护，使用寿命长，可达7~10年。

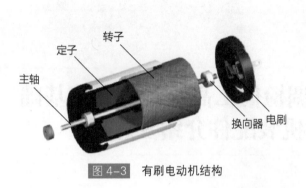

图 4-3 有刷电动机结构   图 4-4 无刷电动机

（图片源自：新领航电机）

2. 无刷电动机分类

按转子类型不同，无刷电动机可分为以下两类。

（1）内转子无刷电动机

1）内转子的转动部分是磁极，在定子线圈内部，转动惯量集中在内部转子上，因此转速较高。

2）因为力矩较小，导致扭力不足，只适用于高速、小扭力应用场合，其结构如图 4-5 所示。

（2）外转子无刷电动机

1）外转子无刷电动机将磁极镶嵌在外壳作为转子，线圈固定于内部，转动惯量集中在外壳上，能量密度高、输出转速低、转矩大。

2）外转子无刷电动机应用在多旋翼无人机上，可以直接驱动螺旋桨叶，避免了复杂的结构，提高了安全性和可靠性，如图 4-6 所示。

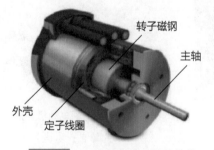

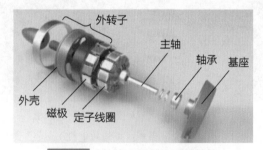

图 4-5 内转子无刷电动机结构   图 4-6 外转子无刷电动机结构

3. 无刷电动机的零部件及结构

无刷电动机的零部件及结构分别如图 4-7、图 4-8 所示。

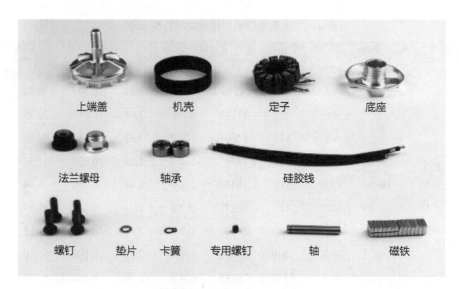

图 4-7　无刷电动机的零部件

（图片源自：新领航电机）

图 4-8　无刷电动机的结构

（图片源自：新领航电机）

电动机测试

4. 无刷电动机与螺旋桨叶匹配参考

无刷电动机与螺旋桨叶匹配参考见表 4-1。

表 4-1　无刷电动机与螺旋桨叶匹配参考

电动机型号	桨叶规格	电压 /V	电流 /A	推力 /g	转速 /（ rad/s ）	功率/W	力效 /（ g/W ）	扭矩 /（ N·m ）	效率 （ % ）	油门 （ % ）
2307~2500kV	乾丰5152S-R	16.0	1.4	100	8246	22.4	4.46	0.008	30.92	20
			3.6	225	11777	57.6	3.91	0.015	32.20	30
			6.7	355	14606	107.2	3.31	0.030	42.92	40
			10.0	485	16397	160.0	3.03	0.039	41.97	50
			13.0	585	18480	208.0	2.81	0.050	46.64	60
			16.7	725	20271	267.2	2.71	0.061	48.59	70
			23.1	900	22491	369.6	2.44	0.080	51.12	80
			30.4	1080	24600	486.4	2.22	0.100	53.10	90
			39.0	1350	28286	624.0	2.16	0.130	61.88	100
	乾丰5055S-R	16.0	1.3	120	7706	20.8	5.77	0.012	46.68	20
			3.6	260	11203	57.6	4.51	0.023	46.97	30
			6.6	405	14014	105.6	3.84	0.030	41.80	40
			10.3	540	16226	164.8	3.28	0.045	46.52	50
			13.2	670	17863	211.2	3.17	0.056	49.73	60
			17.3	820	19637	276.8	2.96	0.071	52.89	70
			24.7	1025	21857	395.2	2.59	0.094	54.59	80
			32.0	1220	23571	512.0	2.38	0.112	54.14	90
			42.3	1525	25714	676.8	2.25	0.145	57.85	100
	乾丰5149-R	16.0	1.4	130	8811	22.4	5.80	0.013	53.69	20
			3.8	270	12514	60.8	4.44	0.023	49.71	30
			6.6	405	15171	105.6	3.84	0.034	51.29	40
			9.4	535	17237	150.4	3.56	0.043	51.75	50
			12.7	665	19200	203.2	3.27	0.054	53.57	60
			16.2	790	20786	259.2	3.05	0.065	54.73	70
			21.2	940	22809	339.2	2.77	0.080	56.48	80
			28.5	1150	25029	456.0	2.52	0.102	58.78	90
			37.9	1470	27377	606.4	2.42	0.130	61.63	100

5. 无刷电动机旋转方向的判断

1）无刷正转电动机：顺时针旋转（区分方法：逆时针方向能扭松无刷电动机的螺母）。

2）无刷逆转电动机：逆时针旋转（区分方法：顺时针方向能扭松无刷电动机的螺母）。

6. 无刷电动机受损判断

1）无刷电动机机壳受损鉴别，如图 4-9 所示。

2）无刷电动机线圈受损鉴别，如图 4-10 所示。

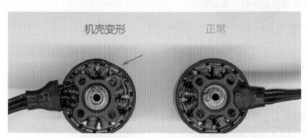

图 4-9　机壳受损鉴别　　　　图 4-10　线圈受损鉴别

（图片源自：新领航电机）

4.2　电子调速器

电子调速器简称电调，是用作驱动无刷电动机转动的电子设备，它将直流电转换为交流电驱动电动机转动，通过读取飞控的油门信号，可快速调节无刷电动机的转速，从而实现无人机的可控飞行。

无人机电调具有功率密度大、体积小、反应迅速、重量轻等特点。

1. 分类

1）独立电调，一个独立的电调负责驱动一个无刷电动机，组装无人机时比较复杂，如图 4-11 所示。

图 4-11　独立电调

（图片源自：AIRBOT）

2）四合一电调，四个独立的电调设计、制造在一个电路板上，驱动 4 个无刷电动机，安装简单，如图 4-12 所示。

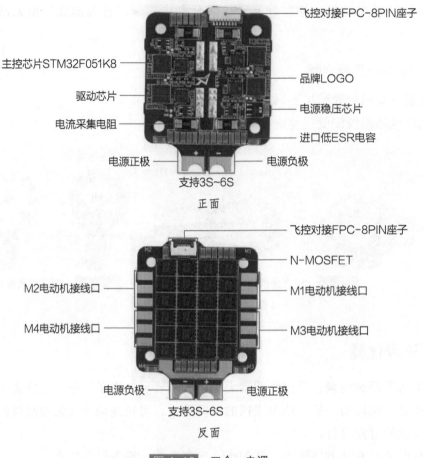

图 4-12　四合一电调

（图片源自：AIRBOT）

2. 电调关键元器件

1）单片机——微控制单元（MCU）：核心器件，是整个四合一电调的大脑，负责接收遥控器的油门指令，根据电动机反电动势，输出电动机的控制信号，驱动电动机协调运转，如图 4-13 所示。

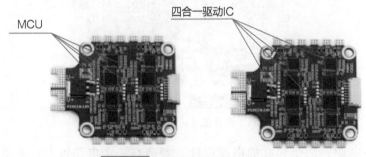

图 4-13　电调的单片机及驱动

（图片源自：FLYCOLOR）

2）驱动集成电路（IC）：输出的脉冲宽度调制（PWM）信号增强，驱动金属氧化物半导体场效应晶体管（MOSFET）。

3）低内阻功率管——MOS 管：等效电子开关按照一定的方式给电动机通电，如图 4-14 所示。

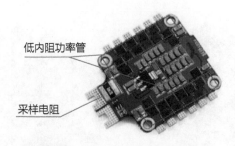

图 4-14 低内阻功率管及采样电阻

（图片源自：FLYCOLOR）

4）采样电阻：流过采样电阻的电流，通过模/数转换器（ADC）转换后，将数值显示在屏幕上。

3. 四合一电调外接线路图（见图 4-15）

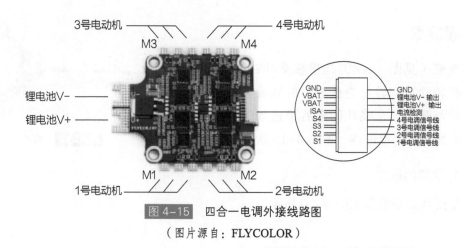

图 4-15 四合一电调外接线路图

（图片源自：FLYCOLOR）

4. 电调选择

（1）单片机 MCU。

（2）MOS 管

1）MOS 管内阻值：MOS 管的内阻值越低，发热量越小，电调越稳定。

2）MOS 管节电容：MOS 管的节电容越低，开关速度越快，切换速度越快。

3）在不装散热器的情况下，3mm×3mm 的 MOS 管可以用在 30A 电流以下的电调上。

（3）电路板　电调的电路板采用镀铜工艺，大电流通过线路板时可以减少发热；铜镀得越厚，则性能更好，如图 4-16 所示。

（4）散热器　增加散热器能有效提高电调的散热速度，降低电调的温度，使其稳定性更好，如图 4-17 所示。

图 4-16　电路板采用镀铜工艺　　图 4-17　散热器

（图片源自：DALRC）

（5）电容　容量大的电容阵列，可以增加电调的稳定性，但容量太大时，可能会导致电调超压烧毁或引发无人机上其他电子设备故障。

4.3　螺旋桨

螺旋桨（见图 4-18）是指靠桨叶在空气中旋转，将电动机转动功率转化为推进力的装置，它由两个或多个桨叶与毂相连，桨叶的向后推进面为螺旋面或近似于螺旋面的一种推进器，如图 4-19 所示。

图 4-18　螺旋桨

1. 螺旋桨的组成

螺旋桨各部分名称如图 4-20 所示。

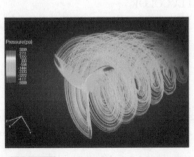

图 4-19　螺旋桨工作时，迎风状态　　图 4-20　螺旋桨各部分名称

（图片源自：FOXEER）

2. 螺旋桨的作用

螺旋桨各部位的作用如图 4-21 所示。

螺旋桨各
部分作用

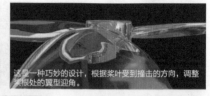

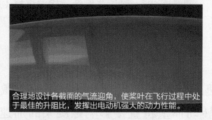
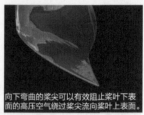

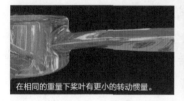

图 4-21　螺旋桨各部位的作用

（图片源自：乾丰）

3. 螺旋桨制造、检测过程

螺旋桨制造、检测过程如图 4-22 所示。

螺旋桨制造、
检测过程

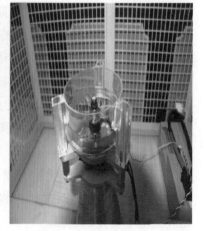

图 4-22　螺旋桨制造、检测过程

（图片源自：乾丰）

图 4-22　螺旋桨制造、检测过程（续）

（图片源自：乾丰）

4. 桨叶材质

1）桨叶是一个高速旋转的零件，由于转速极快，微小质量的变化就会对其转动惯量带来极大的影响，而转动惯量将直接影响螺旋桨的加速度和减速度。

2）桨叶的作用是产生推力，其材质太软桨尖会上翘，桨尖太硬又容易折断，因此其选材非常重要。

3）桨叶常用材料：聚碳酸酯（PC）、丙烯腈－丁二烯－苯乙烯共聚物（ABS）、PC+ABS、碳纤维、木质及混合料。

4）穿越机桨叶常用 PC 材料，质量轻、柔韧性好、强度高，其重量在 5.3g 左右。

5. 桨叶检测

桨叶静平衡测试仪，如图 4-23 所示。

6. 螺旋桨安装及调试

（1）不安装螺旋桨调试的原因

1）无人机的起飞是靠螺旋桨快速旋转，推动空气快速流动，从而产生动力，稍微不注意就会损坏桨叶，严重时还会伤到人或者设备。

2）无螺旋桨调试，就是为了保证操作者的人身安全，避免出现不可挽回的后果。

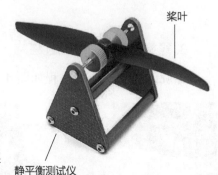

桨叶

静平衡测试仪

图 4-23　桨叶静平衡测试仪

（图片源自：FOXEER）

（2）调试前的准备

1）将计算机、连接线、锂电池、无人机放在水平的地面。

2）特别注意：调试前，将连接线一端与计算机连接，另一端不要与无人机连接，无人机也不要接通电源。

（3）调试步骤

1）安装谷歌浏览器，安装完成后，桌面上显示图标，如图 4-24 所示。

2）点开谷歌浏览器，找到扩展程序，如图 4-25 所示。

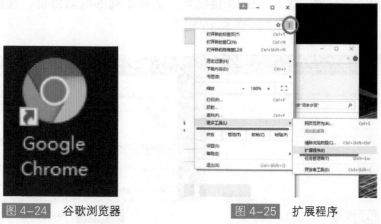

| 图 4-24　谷歌浏览器 | 图 4-25　扩展程序 |

（图片源自：广东北研航遥）

3）解压调参软件，将解压的文件拖至打开的拓展程序中，单击"添加应用"，如图 4-26 所示。

图 4-26　单击"添加应用"

（图片源自：广东北研航遥）

（4）无螺旋桨调参

1）将无人机与连接线相连，打开 BETAFLIGHT 软件，界面如图 4-27 所示。

2）将无人机放在水平面，单击加速度计校准，单击保存并重启，如图 4-28 所示。

| 图 4-27　打开软件界面 | 图 4-28　校准飞行器水平 |

（图片源自：广东北研航遥）

3）设置端口，单击保存并重启，如图 4-29 所示。

4）选择四轴飞行器，选择 SBUS 接收机，选择正确的电调协议，选择解锁时电动机是否旋转，单击保存并重启，如图 4-30 所示。

图 4-29　设置端口　　　　　　　　　　图 4-30　选择四轴飞行器

（图片源自：广东北研航遥）

5）设置参数，单击保存并重启，如图 4-31 所示。

6）测试是否成功连接遥控器以及通道正、反是否正确，如图 4-32 所示。

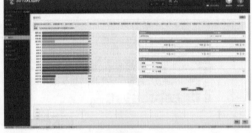

图 4-31　设置参数　　　　　　　　　　图 4-32　测试

（图片源自：广东北研航遥）

7）设置飞行模式，单击保存并重启，如图 4-33 所示。

8）测试电动机转向，如图 4-34 所示。

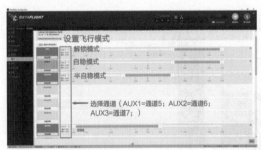
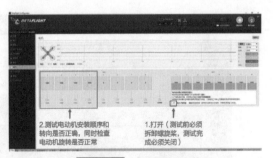

图 4-33　设置飞行模式　　　　　　　　图 4-34　测试电动机转向

（图片源自：广东北研航遥）

4.4 飞控芯片

1. 飞控

无人机飞控是无人机的大脑，它是能稳定、控制无人机飞行姿态和无人机自主或半自主飞行的控制芯片。

2. 飞控运算速度

飞控运算速度取决于飞控的主控芯片（MCU），MCU 的性能也决定了无人机是否能够飞得足够稳定和灵活。

3. 飞控芯片代码的含义

1）飞控芯片 9 位代码含义，见表 4-2。

表 4-2　飞控芯片 9 位代码含义

代码	STM32	F	051	R	8	T	6	X	XX
含义	家族	类别	特定功能	引脚数	闪存容量	封装	温度范围	固件版税	选项

2）飞控芯片代号的具体解释，如图 4-35 所示。

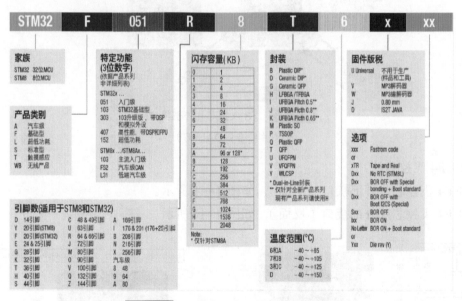

图 4-35　飞控芯片 9 位代码的具体解释

4. 飞控芯片

1）F0 飞控芯片，如图 4-36 所示。

2）F3 飞控芯片，如图 4-37 所示。

3）F4 飞控芯片，如图 4-38 所示。

4）F7 飞控芯片，如图 4-39 所示。

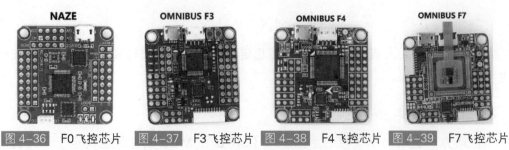

图 4-36　F0 飞控芯片　　图 4-37　F3 飞控芯片　　图 4-38　F4 飞控芯片　　图 4-39　F7 飞控芯片

（图片源自：AIRBOT）

5. 主流飞控芯片接口

（1）F3 飞控芯片　F3 飞控芯片外部接口如图 4-40 所示。

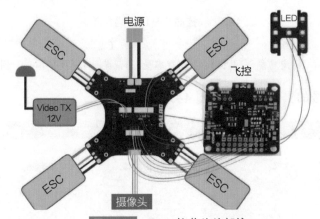

图 4-40　F3 飞控芯片外部接口

（图片源自：DALRC）

（2）F4 飞控芯片

1）F4 飞控芯片外部接口（正面），如图 4-41 所示。

2）F4 飞控芯片外部接口（反面），如图 4-42 所示。

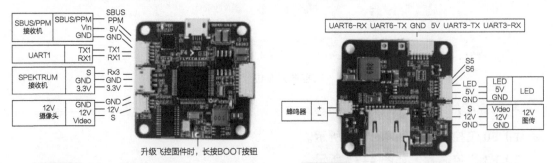

图 4-41　F4 飞控芯片外部接口（正面）　　图 4-42　F4 飞控芯片外部接口（反面）

（图片源自：FLYCOLOR）

（3）F7 飞控芯片

1）F7 飞控芯片外部接口，如图 4-43 所示。

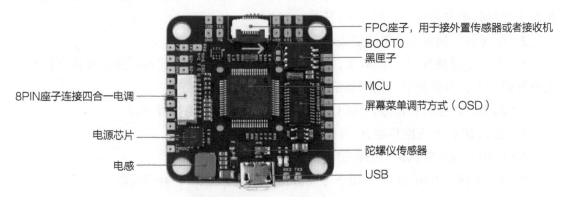

图 4-43　F7 飞控芯片外部接口

（图片源自：AIRBOT）

2）F7（v1.0）飞控芯片接线图详解，如图 4-44 所示。

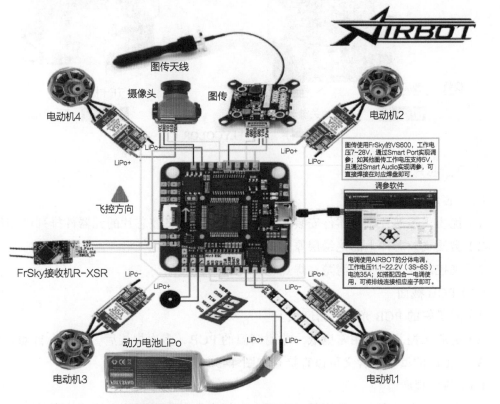

图 4-44　F7（v1.0）飞控芯片接线图详解

（图片源自：AIRBOT）

6. 飞控芯片关键元器件

1）MCU：核心器件，MCU 将根据用户操作指令以及陀螺仪数据，通过飞行算法控制飞行器的稳定运行，如图 4-45 所示。

2）陀螺仪：测量无人机当前姿态，传输姿态信息给 MCU。

3）视频字符叠加 IC：提取来自摄像头的视频同步信号，根据同步信号将字符叠加在视频信号上，与视频信号同时显示在视频接收机上。

4）晶振：产生时钟信号，MCU 在时钟信号的驱动下执行程序。

5）电源 IC：为飞控其他 IC 提供稳压电源。

6）USB：与计算机调参软件进行数据交换。

7）TF 卡槽：可插 TF 卡，用于存储数据和信息，如图 4-46 所示。

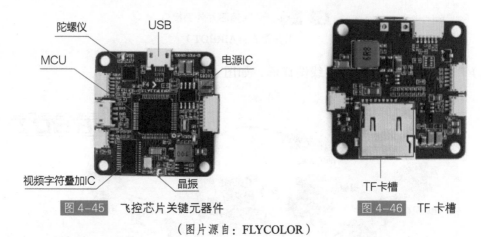

图 4-45　飞控芯片关键元器件　　　　图 4-46　TF 卡槽

（图片源自：FLYCOLOR）

7. 飞控芯片选择及鉴别

（1）芯片的整体外观

1）优质飞控芯片，元器件安装、排列整齐；劣质飞控芯片的元器件排列则相反。

2）劣质飞控芯片上的绝缘层厚、薄不一，甚至会出现气泡。

3）飞控芯片上的字符清楚、焊点色泽光亮为优质品。

（2）PCB 截面

1）质量好的 PCB 光滑、密度大。

2）劣质飞控芯片使用密度低、非耐高温的 PCB，多次焊接后，焊点会自动脱落。

3）MCU 的型号及含义可以直接查询图 4-35 获取。

（3）特别提醒

1）由于生产工序少、难度低，市面上有相当数量山寨版的飞控芯片产品。

2）购买前，需要多方面了解信息，最好通过企业官网或者正规渠道购买飞控芯片产品。

4.5　遥控器

遥控器是无线电控制器（R/C 或 RC）或发射机的简称，是用于控制各类模型（车、船、航空模型、无人机）的一种手持设备，如图 4-47 所示。

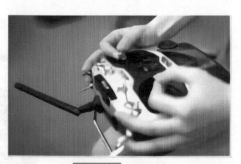

图 4-47　遥控器

1. 工作方式

1）遥控器通常工作在 2.4GHz 频段（2.4 ~ 2.483GHz 是全球通用的民用无线电频段）。

2）它通过发射载波无线电信号给安装在无人机上的接收机，进而把信号传输给飞控，实现对无人机的控制。

3）为了保证无人机驾驶员对无人机的可靠控制，遥控器普遍采用跳频（FHSS）或直序展频（DSSS）技术，从而保证多台遥控器同时工作或有外部同频干扰时，遥控器仍然具有较强的抗干扰能力。

2. 认证

遥控器作为一种射频电子设备，在全球不同地区有具体的管理规范和要求，需要得到当地相关检测机构的认证和许可，才能销售和使用。

1）美国：美国联邦通信委员会（FCC）认证。

2）欧盟：CE 认证。

3）中国：国家无线电管理委员会（SRRC）认证。

3. 遥控器界面

1）无人机遥控器正面各手柄、开关明细，如图 4-48 所示。

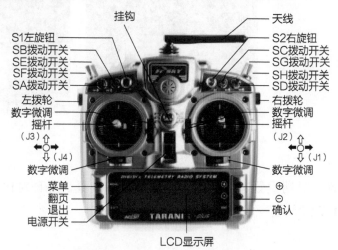

图 4-48　遥控器正面各手柄、开关明细

（图片源自：Frsky）

2）无人机遥控器背面各接口明细，如图 4-49 所示。

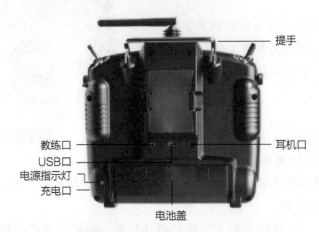

图 4-49　遥控器背面各接口明细

（图片源自：Frsky）

4. 遥控器的使用

（1）基本设置　开启遥控器，如图 4-50 所示。

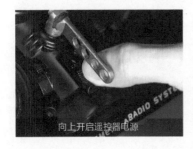

遥控器系统设置

图 4-50　开启遥控器

（图片源自：Frsky）

（2）系统设置　日期设置、时间设置、各类警告设置、屏幕对比度设置、音量调节设置等，如图 4-51 所示。

长按菜单键进入遥控器系统设置菜单 | Date：日期设置 | Time：时间设置

Battery：电源电池相关 | Sound：声音提示相关 | Variometer：气压计相关（如果支持）

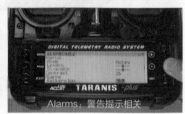

Haptic：振动提示相关 | Contrast：屏幕对比度 | Alarms：警告提示相关

图 4-51　遥控器系统设置

（图片源自：Frsky）

（3）主摇杆设置　穿越机最少需要四个摇杆通道，分别控制其四种飞行姿态：横滚（CH1）、俯仰（CH2）、油门（CH3）、航向（CH4），如图 4-52 所示。

主摇杆设置以"美国手"为例 | A：AiL代表横滚通道，映射到CH1 | E：Ele代表俯仰通道，映射到CH2

主摇杆设置

T：Thr代表油门通道，映射到CH3 | R：Rud代表航向通道，映射到CH4

图 4-52　主摇杆设置

（图片源自：Frsky）

（4）常见的摇杆操作模式

1）"美国手"：左手油门俗称"美国手"，即左侧摇杆控制油门与偏航，右侧摇杆控制横滚与俯仰。富斯遥控器"美国手"如图 4-53 所示。

2）"日本手"：右手油门俗称"日本手"，即左侧摇杆控制俯仰与偏航，右侧摇杆控制横滚与油门，如图 4-54 所示。

图 4-53 "美国手" 　　　　图 4-54 "日本手"

（图片源自：富斯科技）

Frsky 遥控器可选择"美国手""日本手"模式，如图 4-55 所示。

（5）开关设置

1）控制开关类型：三段开关、两段开关、两段复位开关和旋钮（拨轮）开关。

2）辅助通道：控制开关通过通道映射，可以设置在除 CH1~CH4 摇杆通道之外的其他辅助通道，用于控制无人机的飞行模式或其他状态功能切换。在穿越机中，辅助通道可以控制穿越机的解锁与锁定、自稳与手动飞行模式、蜂鸣器等常用功能。

图 4-55 "美国手"

（图片源自：Frsky）

3）开关设置操作：设置过程如图 4-56 所示。

短按翻页按键找到MIXER菜单

通过+/-号按键移动光标

在需设置开关的通道，点击确认进入设置

拨动相应的开关

系统自动识别该开关的名称

在选项闪烁的情况下拨动相应开关即可

待系统识别名称后点击确认保存

点击退出按键返回上级菜单

开关设置

图 4-56　开关设置操作设置过程

（图片源自：Frsky）

4）开关设置检查：检查过程如图 4-57 所示。

MIXER菜单栏中，长按菜单按键

进入通道监视器页面

拨动设备的控制开关

确认对应通道的输出

设置完成，返回主菜单

图 4-57　开关设置检查过程

（图片源自：Frsky）

5. 对频（对码）

遥控器作为传递操作者操纵指令的手持终端，与之匹配的是安装在无人机上用于接收遥控器信号的接收机，通过无线射频技术来建立稳定的通信控制链路。

（1）遥控器与接收机的常见控制方式

1）1对1、1对多、多对1。

2）在穿越机中，则为1对1，即一个遥控器控制一架穿越机。

（2）接收机与遥控器进行对频操作　遥控器识别并绑定接收机的专用ID，建立专用、稳定的通信控制链路。

（3）遥控器与无人机上的接收机对频操作过程

1）准备：遥控器、穿越机、锂电池，如图4-58所示。

2）使用遥控器，进入对应菜单，如图4-59所示。

3）找到内置射频模块，如图4-60所示。

对频

安全警示：请勿安装螺旋桨！

图 4-58　准备

短按菜单按键，点击翻页键

图 4-59　进入对应菜单

找到Internal RF菜单即内置射频模块

图 4-60　找到内置射频模块

（图片源自：Frsky）

4）遥控器进入等待对频状态，如图4-61所示。

菜单下可以进行工作协议/通道范围/

对频绑定/检查/故障保护等设置

选中Bind，选择第一个选项

CH1~CH8，开启Telem数据回传

此时遥控器发出"嘀嘀嘀"的蜂鸣声

代表遥控器处于等待对频状态

图 4-61　遥控器进入等待对频状态

（图片源自：Frsky）

5）找到穿越机上的接收机，进行接线，如图 4-62 所示。

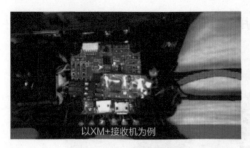

图 4-62　穿越机上的接收机，进行接线

（图片源自：Frsky）

6）按住对接按钮，如图 4-63 所示。

7）接通穿越机的电源，如图 4-64 所示。

图 4-63　按住对接按钮　　　　图 4-64　接通穿越机的电源

（图片源自：Frsky）

8）观察接收机状态指示灯，如图 4-65 所示。

9）对频成功，如图 4-66 所示。

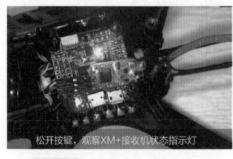

图 4-65　观察接收机状态指示灯　　　　图 4-66　对频成功

（图片源自：Frsky）

4.6　天线

在穿越机（见图 4-67）通信过程中，用来发（辐）射和接收无线电波的零件称为天线。

图 4-67　带天线、高清运动摄像机的穿越机

1. 天线特性

一般天线具有双向可逆性，既可作为发射天线，也可作为接收天线。同时，天线特有的辐射特性可实现发射机与接收机之间无线电波的传播。

2. 天线重要的衡量指标

天线增益是衡量天线朝着一个特定方向收、发信号的能力，如图 4-68 所示。

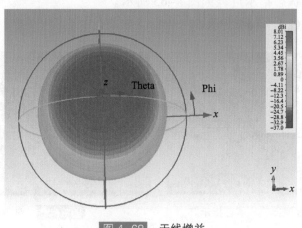

图 4-68　天线增益

（图片源自：FOXEER）

3. 天线分类

（1）按方向性分类　可以分为全向天线和定向天线两大类。

1）全向天线，在水平方向上，360°均匀辐射，没有信号盲区，无方向性，既可以作为发射天线，也可以作为接收天线，但是应用距离短，覆盖范围大，价格便宜，如图4-69所示。

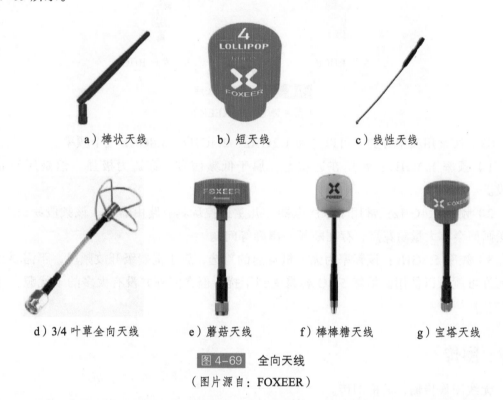

　　a）棒状天线　　　　　　b）短天线　　　　　　　c）线性天线

　d）3/4叶草全向天线　　e）蘑菇天线　　　f）棒棒糖天线　　　g）宝塔天线

图 4-69　全向天线

（图片源自：FOXEER）

2）定向天线，具有很强的方向性，但是只能作为接收端使用，如图4-70所示。穿越机竞速需要通信距离远，覆盖范围小，目标密度大的环境。为避免信号丢失，接收天线一定要对着发射天线的方向，才能收到最好的效果。

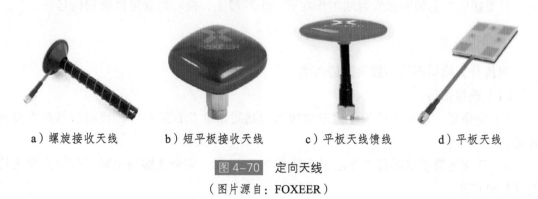

　a）螺旋接收天线　　　b）短平板接收天线　　　c）平板天线馈线　　　d）平板天线

图 4-70　定向天线

（图片源自：FOXEER）

（2）按极化分类   可以分为线极化和圆极化（见图4-71）两大类。

a）右旋RHCP   b）左旋RHCP

图 4-71   圆极化天线

（图片源自：FOXEER）

（3）按常用频率分类   可以分为1.2GHz、2.4GHz、5.8GHz三个频率。

1）频率1.2GHz：常用在远航上，属于低频信号，穿透力极强，但是属于非法频段。

2）频率2.4GHz：常用于家用电器、儿童遥控玩具、路由器等。该频段易被干扰，传送画面会有大量雪花点，存在断频、串频等问题。

3）频率5.8GHz：该频率为无人机竞速的首选，属于消费级开放频段，不需要经过任何许可就可以使用。虽然5.8G容易受到干扰，但在室外并没有太多的干扰源，相对可靠。

4.7   图传

无线图像传输，简称图传。

1. 图传作用

视频传输就是将无人机摄像头采集的音频、视频信号，实时传输到接收显示设备上；只要接收端的频率和发射端工作在同一个频段上，接收端就可以收到信号。

2. 图传分类

图传分为模拟图传、数字图传两类。

（1）模拟图传

1）价格低，市面上模拟图传发射机的价格通常在几百元左右，视频信号基本没有延迟。

2）开阔地带模拟图传工作范围半径在2km以内，完全能够满足对于低空高速飞行的穿越机使用。

3）即使信号微弱的时候，图像由清晰到模糊再到黑白，直到完全失去信号时才会花屏，这样就会留给无人机驾驶员足够的时间去做调整，不至于炸机（无人机失控坠落），并且一旦检测到信号，能够非常迅速地恢复。

（2）数字图传

1）限于目前的技术仍然有瓶颈，数字图传的延时率相比模拟图传要长。

2）在信号受到干扰时，数字图传容易出现 MCU 卡死、丢帧等。

3）数字图传存在对 MCU 资源要求高、价格贵、频带利用率低以及对同步要求比较高等问题。

3. 图传频率

1）常用的图传频率有 3 个：1.2GHz、2.4GHz、5.8GHz。

2）穿越机常采用 5.8GHz，频带范围在 5.3~6GHz，常用的竞速频率有：5.658GHz、5.695GHz、5.732GHz、5.769GHz、5.806GHz、5.843GHz、5.880GHz、5.917GHz。

4. 图传芯片及接线

1）图传芯片如图 4-72 所示。

2）图传芯片功能及外部接线图。

①图传功能说明如图 4-73 所示。

②图传外部接线图如图 4-74 所示。

图 4-72　图传芯片

（图片源自：FOXEER）

图 4-73　图传功能说明

（图片源自：Caddx）

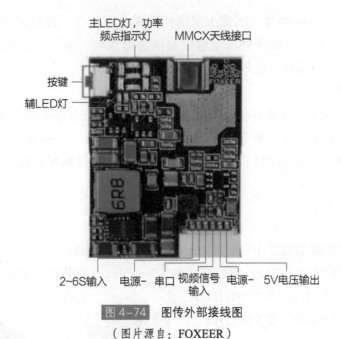

主LED灯，功率频点指示灯　MMCX天线接口

按键

辅LED灯

2~6S输入　电源-　串口　视频信号输入　电源-　5V电压输出

图 4-74　图传外部接线图

（图片源自：FOXEER）

5. 图传技术指标

（1）功率

1）常见功率：25mW、200mW、500mW、800mW。

2）功率越大，传输距离越远，越不容易受到干扰。

（2）射频、通道、频率对应表（见表4-3）

表 4-3　射频、通道、频率对应表　　　　　　　（单位：MHz）

射频 （FR）	通道（CH）							
	CH1	CH2	CH3	CH4	CH5	CH6	CH7	CH8
Band 1	5865	5845	5825	5805	5785	5765	5745	5725
Band 2	5733	5752	5771	5790	5809	5828	5847	5866
Band 3	5705	5685	5665	5645	5885	5905	5925	5945
Band 4	5740	5760	5780	5800	5820	5840	5860	5880
Band 5	5658	5695	5732	5769	5806	5843	5880	5917
Band 6	5474	5492	5510	5528	5546	5564	5582	5600

（3）抗干扰能力　衡量图传优劣的一个重要指标。

6. 遥控调参

1）使用遥控器可以调节图传的参数。

2）使用遥控器可以调节功率、频率。通过设置不同的频点，起到互不干扰的目的，可以有效避免因整机按键接触和指示灯遮挡等直接影响操作的问题。

4.8　摄像头

摄像头是无人机的眼睛，用于采集音频、视频信号，其音频、视频的优劣，将直接影响无人机驾驶员的视觉。

1. 摄像头分类

摄像头分为第一人称主视角（FPV）摄像头和高清，运动摄像机两类。穿越机上的摄像头、运动摄像机如图 4-75 所示。

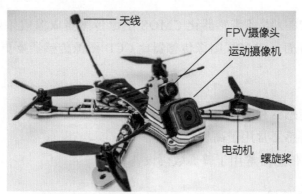

图 4-75　穿越机上的摄像头、运动摄像机
（图片源自：FOXEER）

（1）FPV 摄像头　实时采集音频、视频信号，承担了 FPV 摄像头和运动摄像机双重任务，如图 4-76、图 4-77 所示。

（2）高清运动摄像机　其功能是录像，可以进行后期处理，如图 4-78 所示。

图 4-76　FPV 摄像头（1）
（图片源自：FOXEER）

图 4-77　FPV 摄像头（2）
（图片源自：Caddx）

图 4-78　高清运动摄像机
（图片源自：FOXEER）

2. 感光元器件

感光元器件是摄像头的核心，将直接影响摄像头的成像效果。感光元器件分为

两类：电荷耦合元件（CCD）图像传感器，如图 4-79 所示；互补金属氧化物半导体（CMOS）图像传感器，如图 4-80 所示。

图 4-79　CCD 图像传感器　　图 4-80　CMOS 图像传感器

（图片源自：FOXEER）

相比较而言，CCD 图像传感器比 CMOS 图像传感器成像效果好，色彩还原度高。在分辨率和清晰度方面，CMOS 图像传感器比 CCD 图像传感器要更有优势。

3. 应用场景

1）CCD 图像传感器和 CMOS 图像传感器都是光学成像。

2）CCD 图像传感器常用于高档数码设备。

3）CMOS 图像传感器常用于普通数码设备。

4. 两者的区分及使用

1）两者的区分：两者使用了不同的光感原件，CCD 是线成像，成像效果好；CMOS 是点成像，价格低、非常省电。CCD 图像传感器有许多金属引脚，CMOS 图像传感器则没有金属引脚。

2）两者的使用：CCD 图像传感器需要手工焊接进行连接，容易受损。CMOS 图像传感器通过机械贴片方式进行连接，不容易受损。

5. 卡录

适用范围：小型机架（100mm 以下的机架），没有位置安装运动摄像机，如图 4-81 所示。

1）优点：对于小型无人机而言，安装卡录成本较低，如图 4-82 所示。另外，卡录的分辨率可以达到 1080P/（60 帧 /s）。

2）缺点：更换卡录比较麻烦。

6. 遥控调参

1）使用遥控器进行调参。

2）直连：FOXEER飞控与绝大多数FOXEER摄像头可以直连，方便直观，如图 4-83 所示。

图 4-81　小型无人机带卡录

图 4-82　卡录

（图片源自：FOXEER）

图 4-83　直连

3）图传与摄像头调参步骤，如图 4-84 所示。

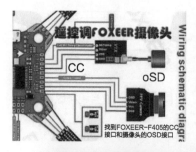

图传与摄像头调参

图 4-84　调参的步骤

（图片源自：FOXEER）

7. 视频眼镜

FPV 视频眼镜如图 4-85 所示，是无人机飞行图像接收的显示端，并与图传发射端共同组成了无人机图传系统，同时也是第一视角无人机竞技的核心设备之一；FPV 视频眼镜能让无人机驾驶员完全沉浸在第一视角飞行中。

（1）作用

1）完全不受外界环境影响。

2）全身心地关注飞行。

（2）分类　FPV 视频眼镜可以分为单屏幕视频眼镜（见图 4-86）和双目视频眼镜（见图 4-87）两类。

图 4-85　FPV 视频眼镜

图 4-86　单屏幕视频眼镜
（图片源自：SKYZONE）

图 4-87　双目视频眼镜

（3）比较

1）单屏幕视频眼镜，经过菲镜放大后，可以显示画面和实景，如图 4-88 所示。

2）单屏幕视频眼镜，其画面清晰度低于双目视频眼镜，且边缘有畸变。

3）少数无人机驾驶员佩戴单屏幕视频眼镜时，会产生头晕现象。

4）单屏幕视频眼镜，其价格低廉，适合新手使用，如图 4-89 所示。

图 4-90 所示为无人机驾驶员戴上双目眼镜参加比赛。

图 4-88　看到实景
（图片源自：DOPEDRO）

图 4-89　训练

图 4-90　戴上双目眼镜参加比赛
（图片源自：庞思鸣）

8. 视频屏幕

1）单屏幕图传接收机，如图 4-91 所示。

2）多屏幕图传接收机，如图 4-92 所示。

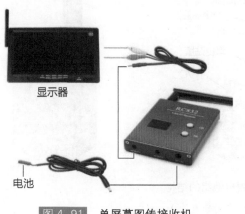

图 4-91　单屏幕图传接收机

图 4-92　多屏幕图传接收机

4.9　机架

机架是无人机身体的骨架或骨骼，是无人机的承载平台，如图 4-93 所示。无人机其他的零部件都必须要安装在机架上，由机架承载，共同飞上天空；因此，无人机机架的坚实程度十分重要，如图 4-94、图 4-95 所示。

图 4-93　机架

图 4-94　完好的机架

图 4-95　损坏的机架

（图片源自：创世泰克）

4.10　电池及充电器

无人机常用的动力电池是锂聚合物电池，简称为锂电池。

1. 锂电池组特点

1）锂电池组由若干片电芯组成，其结构如图 4-96 所示。

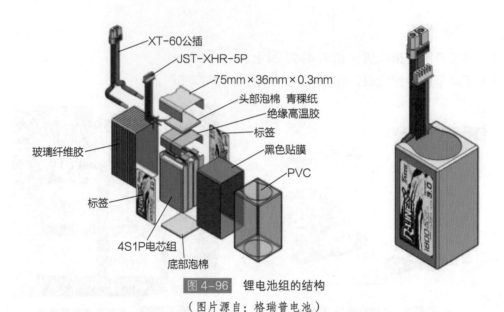

图 4-96 锂电池组的结构

（图片源自：格瑞普电池）

2）其单片电芯的标称电压为 3.7V，充满电后为 4.2V。

3）电芯放电时，最低不能低于 3V，否则将对电芯造成永久性损伤，不可修复。

4）锂电池具有充电慢（充电电流小）、放电快（放电电流大）的特点。

5）对锂电池进行充电，必须使用特定的平衡充电器。

2. 锂电池基本参数（见图 4-97）

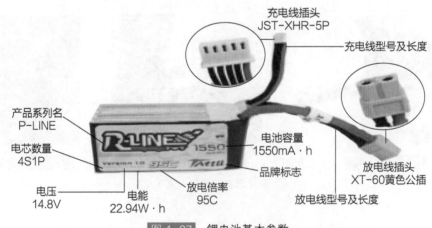

图 4-97 锂电池基本参数

（图片源自：格瑞普电池）

3. 充电器

充电器是无人机安全使用中一个关键的配件，直接关系到锂电池的性能是否能够得到完全发挥和安全使用。

（1）充电器的区别

1）普通充电器是对单节电池进行充电，而无人机使用的是多个串联式的锂离子聚合物电池，因此在充电时与单节的锂电充电有较大的区别，那就是在充电过程中，要保证每一节锂离子聚合物电池都要达到额定的电压。

2）三串联式（3S）的锂离子聚合物电池，单节电芯的最高额定电压是 4.2V，3S 即为 12.6V。

（2）充电器的种类

1）按照平衡方式分：并行充电器、串行充电器。

2）按照供电方式分：交流充电器、直流充电器。

（3）充电方式

1）并行充电器通过电池平衡线给每节锂电池单独充电，允许通过的电流较小，这种充电方式已经很少有人使用。

2）串行充电器通过电池平衡线给锂电池充电时，可以使用大电流充电，近年来这种充电器已经成为市场的主流。

3）直流充电器体积小，使用场景限制少。

4）交流充电器设置简单，使用方便。

（4）平衡充电器的作用　平衡充电器的作用是把电能平衡地充到锂电池里存储起来，如图 4-98 所示。

（5）平衡充电器的界面（见图 4-99）

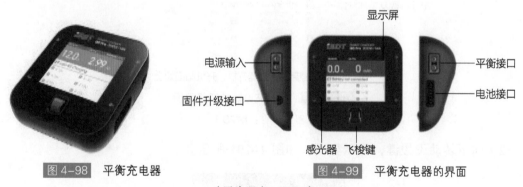

图 4-98　平衡充电器　　　　　图 4-99　平衡充电器的界面

（图片源自：ISTD）

（6）平衡充电器的技术参数（见表 4-4）

表 4-4　平衡充电器的技术参数

项目	参数
输入电压	DC 7~32V
输出电压	0~30V
最大输入电流	15A

（续）

项目	参数
充电电流	0.1~14.0A
放电电流	0.1~3.0A
最大充电功率	300W
最大放电功率	8W
平衡电流	1A/ 电芯
平衡串数	1~6S
支持电池类型	Life/Lilon/LiHv（1~6S）、NIMH/Cd（1~16S）、Pb（1~12S）
显示器类型	2.4×320×240 IPS LCD
使用温度	0~40℃
存储温度	−20~60℃
外形尺寸	80mm×80mm×33.5mm
重量	119g

（7）平衡充电器设置

1）开机界面，如图 4-100 所示。

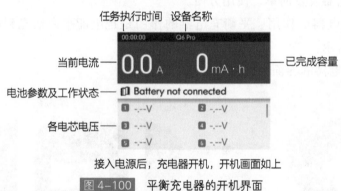

图 4-100　平衡充电器的开机界面

（图片源自：ISTD）

2）向下转动飞梭键，显示界面，如图 4-101 所示。

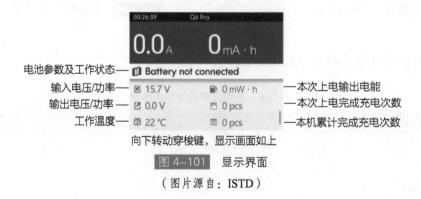

图 4-101　显示界面

（图片源自：ISTD）

3）初始设置，如图 4-102 所示。

4）再次短按穿梭键，滚动穿梭键，设置最大输入功率，如图 4-103 所示。

5）提示：使用电池作为输入电源，需要设置：最小输入电压（这样可以保护电池，防止电池过放）滚动穿梭键，选择最小输入电压，短按进入选择，如图 4-104 所示。

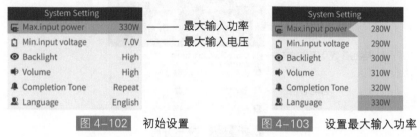

图 4-102　初始设置　　图 4-103　设置最大输入功率

（图片源自：ISTD）

（8）平衡充电器连接

1）准备连接与设置，依次接好锂电池的主线接口（插头 XT-60，如图 4-105 所示）和平衡线接口。

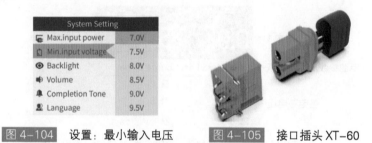

图 4-104　设置：最小输入电压　　图 4-105　接口插头 XT-60

（图片源自：ISTD）

2）短按穿梭键，进入任务设置，如图 4-106 所示。

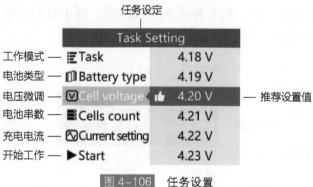

图 4-106　任务设置

（图片源自：ISTD）

（9）平衡充电器充电

1）接上平衡线后，充电器会自动识别锂电池串联数量，检查正确无误后，短按

"start"就开始对锂电池进行充电（提示：充电电流常用是 1.1A（0.5c），最高不允许超过 4.4A（2c）），如图 4-107 所示。

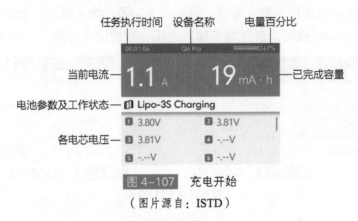

图 4-107　充电开始

（图片源自：ISTD）

2）主色变绿色，表示充电基本结束，如图 4-108 所示。

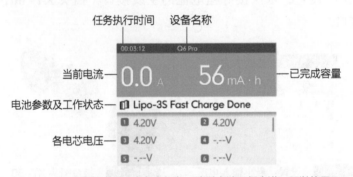

充电结束后，主色为绿色，这时电池已经充满，可以使用。

图 4-108　充电基本结束

（图片源自：ISTD）

3）对锂电池要精确平衡，需要再多充一段时间，等主色变蓝色，同时蜂鸣器会发出"滴滴 – 滴滴"的声响，充电完全结束，如图 4-109 所示。

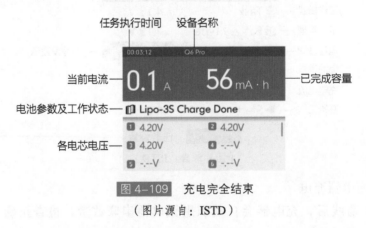

图 4-109　充电完全结束

（图片源自：ISTD）

（10）充电变更

1）在充电过程中，需要改变充电电流或者停止充电，短按飞梭键，滚动飞梭键，选择改变充电电流或者停止充电。

2）充电时，长按飞梭键，直接停止充电，如图4-110所示。

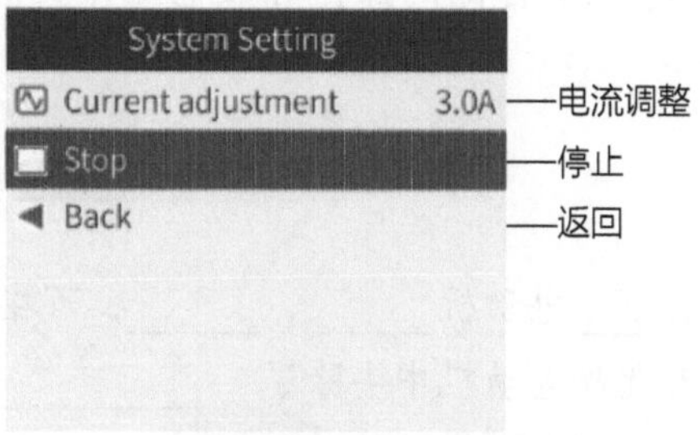

（11）放电、存储

1）锂电池不宜满电存放，满电的锂电池不用时，建议放电到3.3V。

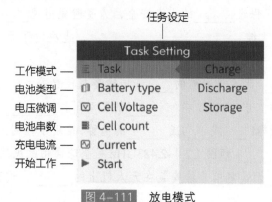

图4-110 充电变更
（图片源自：ISTD）

2）锂电池长时间不使用，使用充电器的存储模式，锂电池会自动放电到3.85V。

3）放电、存储的操作步骤：

①短按飞梭键，进入设置界面。

②选择任务菜单，短按后滚动，选择放电模式，如图4-111所示。

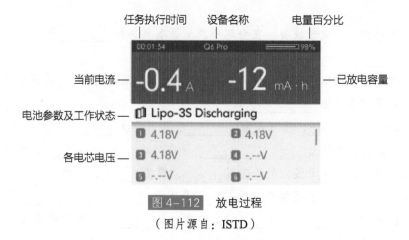

图4-111 放电模式
（图片源自：ISTD）

③放电过程，如图4-112所示；放电完成后，显示屏主色会呈绿色。

图4-112 放电过程
（图片源自：ISTD）

4）存储的操作和放电操作类似，仅仅是截止电压不同。

复习思考题

1. ____电动机_____，_____，可在_____平滑地____，控制电路_____。

2. 无刷电动机中去除了_____，改由_____进行____，不会产生电火花。

3. 无刷电动机运转时，_____，_____，_____，_____。

4. 电调是用作_____的电子设备，将_____转换为_____驱动电动机转动，通过读取____的_____，可快速_____的____，从而实现无人机的____飞行。

5. ____是电调的大脑，负责_____的_____，根据电动机_____，____电动机的_____，____电动机_____。

6. 电调的____管的_____发热量____，电调_____。

7. 电调的____管的_____，开关速度____，切换速度____。

8. _____调试，就是为了保证_____的人身安全，为了避免出现_____。

9. 飞控运算速度取决于飞控_____，也决定了无人机是否能够飞得足够____和____。

10. 飞控的_____通过____无人机当前的____，传输姿态信息给____。

11. 飞控的____产生时钟信号，MCU在_____的驱动下，_____。

12. 遥控器是_____控制器(___或___)或_____的简称，是用于控制无人机的一种____设备。

13. _____通常工作在_____频段（2.4~2.483GHz是全球通用的民用无线电频段）。

14. 遥控器通过_____无线电信号给安装在无人机上的_____，进而把____传输给____，实现对无人机的控制。

15. 为了保证无人机驾驶员对无人机的_____，遥控器普遍采用____(____)或_____(____)技术，从而保证__台遥控器同时工作或有外部_____时，_____仍然具有较强的_____。

16. 遥控器作为一种____电子设备，在全球不同地区有具体的_____和____，需要得到_____和___，才能____和____。

17. 美国遥控器：美国联邦通信委员会_____认证；欧盟遥控器：___认证；中国遥控器：国家无线电管理委员会_____认证。

18. 一般____具有_____，既可作为_____，也可作为_____。

19. ____天线，在水平方向上，_____，没有_____，_____，既可以作为____天线，也可以作为____天线，但是应用_____，覆盖_____，价格____。

20. 图传作用——_____就是将无人机____采集的____、_____，____传输到___设备上；只要_____和____工作在_____，接收端就可以收到____。

21. ＿＿＿天线，具有很强的＿＿＿＿＿，但是只能作为＿＿＿＿＿使用。

22. ＿＿＿＿＿是无人机的眼睛，用于采集＿＿＿、＿＿＿信号，其＿＿＿、＿＿＿的＿＿＿，将直接影响无人机驾驶员的视觉。

23. ＿＿＿元器件分为两类：＿＿＿＿＿图像传感器；＿＿＿＿＿图像传感器。

24. ＿＿＿＿图像传感器需要＿＿＿＿＿＿进行连接。

25. ＿＿＿＿＿图像传感器，通过＿＿＿＿＿＿＿方式进行连接，不容易＿＿＿＿。

26. ＿＿＿＿＿＿＿＿＿能让＿＿＿＿＿＿驾驶员完全沉浸入＿＿＿＿视角飞行中。

27. FPV 视频眼镜是无人机飞行＿＿＿＿＿＿＿＿＿＿，并与图传发射端共同组成了无人机图传系统。

28. ＿＿＿＿＿是无人机＿＿＿＿＿＿＿中一个关键的配件，直接关系到锂电池的＿＿＿＿是否能够得到＿＿＿＿＿＿＿和＿＿＿＿＿＿＿。

29. 普通充电器是对＿＿＿＿电池进行充电，而无人机使用的是＿＿＿＿＿＿＿＿＿的＿＿＿＿＿＿＿＿＿＿＿＿＿。

30. 锂离子聚合物电池在＿＿＿＿的过程中，要保证＿＿＿＿＿＿＿＿＿＿＿＿＿＿＿＿＿＿都要达到＿＿＿＿＿＿＿＿。

31. ＿＿＿＿＿＿＿＿（3S）的锂离子聚合物电池，＿＿＿＿＿＿＿＿的最高额定电压是＿＿＿V，3S 的最高额定电压为＿＿＿V。

第 5 章　无人机装调检修工高级实操训练 1
——穿越机基本装配

5.1　任务实施

1）根据无人机的产品性能等相关要求，对无人机进行配件选型、制作及测试。

2）按照装配图等相关要求，使用专用工具进行无人机的整机装配。

5.2　穿越机基本装配示范

1. 机架装配

1）读机架图样，如图 5-1 所示。

2）查看机架，如图 5-2 所示。

穿越机基本
装配示范

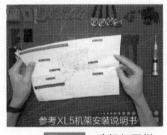

图 5-1　读机架图样

图 5-2　查看机架

（图片源自：AIRBOT）

3）摆放机架，如图 5-3 所示。

图 5-3　摆放机架

（图片源自：AIRBOT）

4）安装机架，如图 5-4 所示。

图 5-4　安装机架

（图片源自：AIRBOT）

5）安装尼龙隔柱，如图 5-5 所示。

图 5-5　安装尼龙隔柱

（图片源自：AIRBOT）

2. 安装电动机

1）安装电动机，如图 5-6 所示。

图 5-6　安装电动机

（图片源自：AIRBOT）

2）固定电动机，如图 5-7 所示。

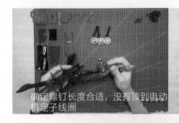

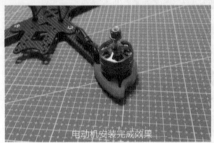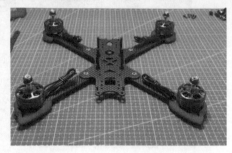

图 5-7　固定电动机

（图片源自：AIRBOT）

3. 安装电调

1）确认电调，如图 5-8 所示。

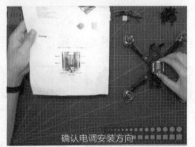

图 5-8　确认电调

（图片源自：AIRBOT）

2）电调接线，如图 5-9 所示。

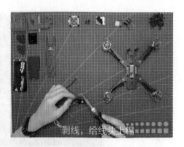

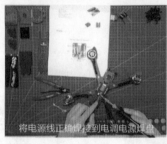

图 5-9　电调接线

（图片源自：AIRBOT）

3）给电调电容粘贴绝缘胶布，如图 5-10 所示。

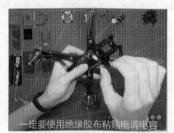

图 5-10　给电调电容粘贴绝缘胶布

（图片源自：AIRBOT）

4）给电调粘贴铜箔纸，如图 5-11 所示。

图 5-11　给电调粘贴铜箔纸

（图片源自：AIRBOT）

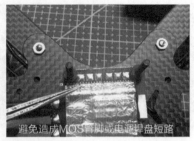

图 5-11　给电调粘贴铜箔纸（续）

（图片源自：AIRBOT）

5）整理、焊接，如图 5-12 所示。

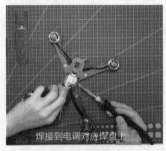

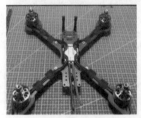

图 5-12　整理、焊接

（图片源自：AIRBOT）

4. 安装飞控

1）确认飞控，如图 5-13 所示。

2）确定飞控的安装位置，如图 5-14 所示。

3）给飞控安装减振垫，如图 5-15 所示。

图 5-13 确认飞控

（图片源自：AIRBOT）

图 5-14 确定飞控的安装位置

（图片源自：AIRBOT）

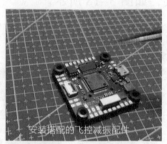

图 5-15 给飞控安装减振垫

（图片源自：AIRBOT）

4）给飞控连线，调整位置，如图 5-16 所示。

图 5-16 给飞控连线，调整位置

（图片源自：AIRBOT）

5. 安装电源插头

1）安装电源插头座，如图 5-17 所示。

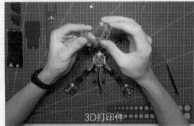

图 5-17 安装电源插头座

（图片源自：AIRBOT）

2）电源插头正、负极焊接，如图 5-18 所示。

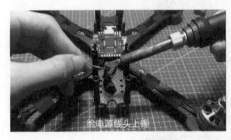

图 5-18 电源插头正、负极焊接

（图片源自：AIRBOT）

3）固定电源插头，如图 5-19 所示。

图 5-19 固定电源插头

（图片源自：AIRBOT）

图 5-19　固定电源插头（续）

（图片源自：AIRBOT）

6. 接上锂电池

接上锂电池，如图 5-20 所示。

7. 安装接收机

1）核对接收机，如图 5-21 所示。

2）剪线、焊接，如图 5-22 所示。

图 5-20　接上锂电池

（图片源自：AIRBOT）

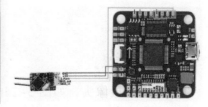

图 5-21　核对接收机

（图片源自：AIRBOT）

图 5-22　剪线、焊接

（图片源自：AIRBOT）

3）套上热缩管，并固定，如图 5-23 所示。

图 5-23　套上热缩管，并固定

（图片源自：AIRBOT）

4）固定、整理、保护，如图 5-24 所示。

图 5-24　固定、整理、保护

（图片源自：AIRBOT）

8. 安装摄像头

1）固定摄像头，如图 5-25 所示。

图 5-25　固定摄像头

（图片源自：AIRBOT）

2）按照图样，焊接连线，如图 5-26 所示。

给线头和飞控焊盘上锡

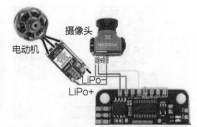

参考说明书和接线示意图进行接线

确认接线正确无误

将电压检测线焊接至电源正极

整理线材，完成摄像头安装

图 5-26　按照图样，焊接连线

（图片源自：AIRBOT）

9. 安装图传

1）确认图传及安装方向，如图 5-27 所示。

使用FrSky睿思凯图传VS600

确认安装方向

安装馈线及天线

图 5-27　确认图传及安装方向

（图片源自：AIRBOT）

2）按照图样，焊接连线，如图 5-28 所示。

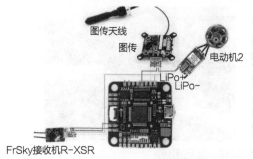

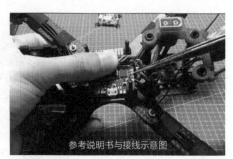
参考说明书与接线示意图

图 5-28　按照图样，焊接连线

（图片源自：AIRBOT）

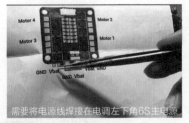

图 5-28　按照图样，焊接连线（续）

（图片源自：AIRBOT）

3）整理线材、固定飞控，如图 5-29 所示。

图 5-29　整理线材、固定飞控

（图片源自：AIRBOT）

4）接通锂电池，进行测试，如图 5-30 所示。

图 5-30　接通锂电池，进行测试

（图片源自：AIRBOT）

5）整理线材、固定图传，如图 5-31 所示。

图 5-31　整理线材、固定图传

（图片源自：AIRBOT）

10. 装配对频

1）遥控器进入对频模式，如图 5-32 所示。

图 5-32　遥控器进入对频模式

（图片源自：AIRBOT）

2）遥控器和接收机各自发出声音，接收机绿灯常亮，红灯闪烁，如图 5-33 所示。

图 5-33　遥控器和接收机各自发出声音，接收机绿灯常亮，红灯闪烁

（图片源自：AIRBOT）

3）遥控器确认，退出对频模式，如图 5-34 所示。

11. 通电

断开电源，重新通电，接收机绿灯常亮，如图 5-35 所示。

图 5-34　遥控器退出对频模式　　　　图 5-35　断开电源，重新通电，接收机绿灯常亮

（图片源自：AIRBOT）

12. 调整遥控器

1）进入 TELEMETRY 界面，检查回传信号强度、图传回传信号，如图 5-36 所示。

图 5-36　检查回传信号强度、图传回传信号

（图片源自：AIRBOT）

2）打开 gtrans 脚本，设置图传频率和功率等参数。

13. 装配无人机，收尾工作

1）安装机架的顶板，如图 5-37 所示。

图 5-37　安装机架的顶板

（图片源自：AIRBOT）

2）固定摄像机底座，如图 5-38 所示。

14. 装配结束（见图 5-39）

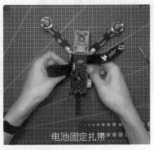

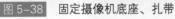

图 5-38　固定摄像机底座、扎带　　　　　图 5-39　装配结束

（图片源自：AIRBOT）

第6章 无人机装调检修工高级实操训练2
——穿越机选型、装配、调试、测试

6.1 任务实施

1）根据无人机的产品性能等相关要求，对无人机进行配件选型、制作及测试。

2）按照装配图等相关要求，使用专用工具进行无人机的整机装配。

3）使用相关调试软件和工具，进行无人机系统和功能模块的联调与测试。

4）使用专用检测仪器及软件进行无人机各系统检测、故障分析和诊断。

6.2 选型

（1）穿越机装配主要器材选型工作页（见表6-1）

表6-1 穿越机装配主要器材选型工作页

序号	名称	型号	数量	选择理由	匹配程度	备注
1	无刷电动机					
2	电调					
3	桨叶					
4	机架					
5	飞控					
6	接收机					
7	遥控器					
8	图传					
9	天线					
10	摄像头					
11	锂电池					

（续）

序号	名称	型号	数量	选择理由	匹配程度	备注
12	平衡充电器					
13	调参软件					
14	测试软件					
15	计算机					

（2）穿越机装配辅助器材选型工作页（见表6-2）

表6-2　穿越机装配辅助器材选型工作页

序号	名称	型号	数量	选择理由	匹配程度	备注
1	电源线					
2	排线					
3	插头					
4	焊丝					
5	螺栓					
6	螺母					

（3）穿越机装配工具器材选型工作页（见表6-3）

表6-3　穿越机装配工具器材选型工作页

序号	名称	型号	数量	选择理由	匹配程度	备注
1	电烙铁					
2	镊子					
3	尖嘴钳					
4	剥线钳					
5	螺钉旋具					
6	扳手					

6.3　穿越机装配、调试、测试示范

1. 电动机

（1）焊接

1）给飞控芯片焊点上锡，如图6-1所示。

穿越机装配、调
试、测试示范

2）焊接飞控芯片上的电源线，如图 6-2 所示。

3）焊接飞控芯片上的电动机线，如图 6-3 所示。

图 6-1　给焊点上锡　　　　图 6-2　焊接电源线　　　　图 6-3　焊接电动机线

（图片源自：HGLRC）

（2）安装

1）在机架上安装电调，如图 6-4 所示。

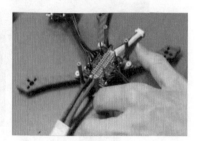

图 6-4　安装电调

（图片源自：HGLRC）

2）在机架上安装电动机，如图 6-5 所示。

图 6-5　安装电动机

（图片源自：HGLRC）

2. 焊接飞控芯片

1）飞控板焊接，如图 6-6 所示。

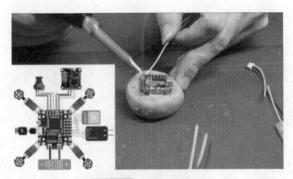

图 6-6　飞控板焊接

（图片源自：HGLRC）

2）焊接图传、天线的连接线，如图 6-7 所示。

3）焊接接收机连接线，如图 6-8 所示。

图 6-7　焊接图传、天线连接线　　　图 6-8　焊接接收机连接线

（图片源自：HGLRC）

3. 装配

1）连接飞控芯片，如图 6-9 所示。

图 6-9　连接飞控芯片

（图片源自：HGLRC）

2）排线连接，如图 6-10 所示。

图 6-10　排线连接

（图片源自：HGLRC）

3）安装图传，如图 6-11 所示。

图 6-11　安装图传

（图片源自：HGLRC）

4）安装摄像头，如图 6-12 所示。

图 6-12　安装摄像头

（图片源自：HGLRC）

5）安装天线，如图 6-13 所示。

6）安装接收机，如图 6-14 所示。

7）安装机架顶盖，如图 6-15 所示。

8）剪掉多余扎线，如图 6-16 所示。

9）穿越机装配结束，如图 6-17 所示。

图 6-13　安装天线

（图片源自：HGLRC）

图 6-14　安装接收机　　　　图 6-15　安装机架顶盖

（图片源自：HGLRC）

图 6-16　剪掉多余扎线　　　　图 6-17　装配结束

（图片源自：HGLRC）

6.4　调节参数示范

1. "PID" 参数

1）比例积分微分控制器（PID）是一种线性控制器，主要根据给定值和实际输出值构成控制偏差，然后利用偏差给出合理的控制量。

2）在主流开源飞控中，通常采用"PID"控制算法来实现无人机的姿态和轨迹控制，见表 6-4。

表 6-4　"PID" 参数的解释

参数	P（Proportion）	I（Integration）	D（Differentiation）
解释	比例	积分	微分

2. 打开飞控软件

1）打开飞控开源调参软件"BETAFLIGHT"。

2）打开"Setup"界面。

3. 软件与穿越机进行联调

1）计算机与穿越机进行联调，如图 6-18 所示。

2）调试水平状态电动机，如图 6-19 所示。

图 6-18　计算机与穿越机进行联调　　　图 6-19　调试水平状态电动机

（图片源自：HGLRC）

3）调试偏状态电动机，如图 6-20 所示。

图 6-20　调试偏状态电动机

（图片源自：HGLRC）

4）调试接收机 / 天线，如图 6-21 所示。

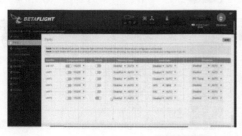

图 6-21　调试接收机 / 天线

（图片源自：HGLRC）

5）调试电调 / 电动机，如图 6-22 所示。

6）测试电调 / 电动机旋转方向，如图 6-23 所示。

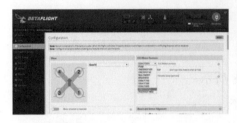

图 6-22　调试电调 / 电动机　　　　图 6-23　测试电调 / 电动机旋转方向

（图片源自：HGLRC）

7）测试三个方向的运动，如图 6-24 所示。

8）选择接收模式，如图 6-25 所示。

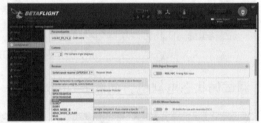

图 6-24　测试三个方向的运动　　　　图 6-25　选择接收模式

（图片源自：HGLRC）

9）添加飞控功能，如图 6-26 所示。

图 6-26　添加飞控功能

（图片源自：HGLRC）

10）打开软件"BETAFLIGHT"。

11）回到"Setup"界面。

12）选择动力及电池的界面，如图 6-27 所示。

4. 调节"PID"

1）选择"PID"界面，调整"PID"参数，如图 6-28 所示。

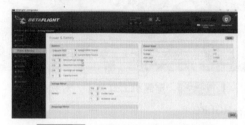
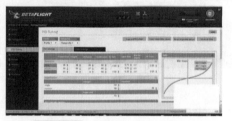

图 6-27　选择动力及电池的界面　　　图 6-28　选择"PID"界面

（图片源自：HGLRC）

2）调整"PID"参数，如图 6-29 所示。

5. 与遥控器联调

1）调整接收机参数，如图 6-30 所示。

图 6-29　调整"PID"参数　　　图 6-30　调整接收机参数

（图片源自：HGLRC）

2）连接遥控器。

3）打开遥控器教练线的端口，如图 6-31 所示。

图 6-31　打开遥控器教练线端口

（图片源自：HGLRC）

6. 对频

1）信号对频，如图 6-32 所示。

2）穿越机上灯亮了，对频成功，如图 6-33 所示。

图 6-32　信号对频　　　　　图 6-33　穿越机上灯亮了，对频成功

（图片源自：HGLRC）

7. 遥控器设置

1）设置遥控器通道，如图 6-34 所示。

2）调整遥控器参数，如图 6-35 所示。

图 6-34　设置遥控器通道　　　　　图 6-35　调整遥控器参数

（图片源自：HGLRC）

3）检查遥控器信号，如图 6-36 所示。

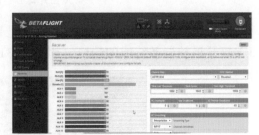

图 6-36　检查遥控器信号

（图片源自：HGLRC）

4）选择飞行模式，如图 6-37 所示。

图 6-37　选择飞行模式

（图片源自：HGLRC）

5）检查电动机的旋转方向和自由度，如图 6-38 所示。

6）连接锂电池，如图 6-39 所示。

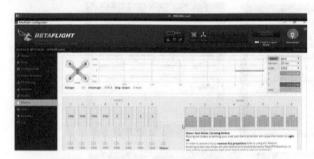

图 6-38　检查电动机的旋转方向和自由度　　　图 6-39　锂电池插头连接

（图片源自：HGLRC）

8. 穿越机与计算机再次进行联调

1）穿越机与计算机再次进行联调，检查电动机旋转方向及自由度，如图 6-40 所示。

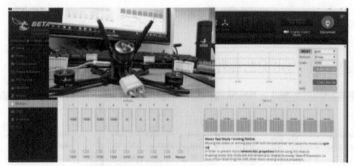

图 6-40　穿越机与计算机进行联调

（图片源自：HGLRC）

2）逐个检查电动机旋转方向及自由度，如图 6-41 所示。

3）调试电调，如图 6-42 所示。

4）连接"Betaflight"软件，如图 6-43 所示。

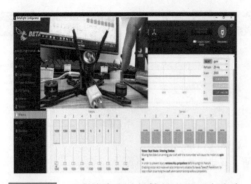

图 6-41　逐个检查电动机旋转方向及自由度

（图片源自：HGLRC）

图 6-42　调试电调

（图片源自：HGLRC）

图 6-43　连接"Betaflight"软件

（图片源自：HGLRC）

5）逐个确定电动机与电调的旋转方向，如图 6-44 所示。

图 6-44　逐个确定电动机与电调的旋转方向

（图片源自：HGLRC）

图 6-44　逐个确定电动机与电调的旋转方向（续）

（图片源自：HGLRC）

6）测试各个电动机，如图 6-45 所示。

图 6-45　测试各个电动机

（图片源自：HGLRC）

9. 试飞

1）给穿越机安装螺旋桨叶。

2）遥控器解锁，穿越机就能飞行，如图 6-46 所示。

图 6-46　穿越机试飞

（图片源自：HGLRC）

6.5　陀螺仪测试

1. 陀螺仪

陀螺仪用于无人机运动的自动控制系统中，作为采集水平、垂直、俯仰、航向和角速度信号的传感器。陀螺仪在无人机飞行中有以下三个主要作用。

1）信号传感器——准确提供无人机的方位、水平、位置、速度和加速度信号。

2）稳定器——能减少无人机在空中飞行时的摇摆。

3）测试器——能准确提供无人机的方位基准。

2. 陀螺仪测试方法

1）制造一个已知的振动环境（使用正常的飞控测试该机架环境下陀螺仪的输出数

据作为标准参考值）。

2）将待测试的飞控陀螺仪，以相同的固定方式进行安装。

3）采集测试过程中陀螺仪的数据。

4）根据测试数据与标准参考值对比分析，得出陀螺仪质量信息。

3. 陀螺仪测试示范

1）通电、连接软件，如图 6-47 所示。

陀螺仪测试

图 6-47　通电、连接软件

（图片源自：HGLRC）

2）打开"BETAFLIGHT"软件，如图 6-48 所示。

图 6-48　打开"BETAFLIGHT"软件

（图片源自：HGLRC）

3）启用专家模式，如图 6-49 所示。

4）起动电动机采集数据，如图 6-50 所示。

图 6-49　启用专家模式　　　　图 6-50　采集数据

（图片源自：HGLRC）

5）单击"我已了解风险，螺旋桨已被拆除"，如图 6-51 所示。

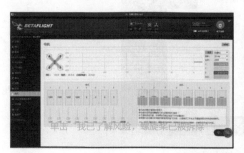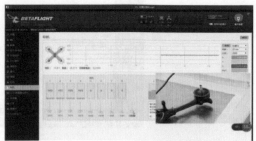

图 6-51　单击我已了解风险

（图片源自：HGLRC）

6）调行程，如图 6-52 所示。

图 6-52　调行程

（图片源自：HGLRC）

7）单击"日志"，如图 6-53 所示。

8）选择采样，如图 6-54 所示。

图 6-53　单击日志　　　　　　　　图 6-54　选择采样

（图片源自：HGLRC）

9）保存数据，如图 6-55 所示。

10）记录数据，如图 6-56 所示。

图 6-55   保存数据

（图片源自：HGLRC）

图 6-56   记录数据

（图片源自：HGLRC）

11）关闭电动机转动，如图 6-57 所示。

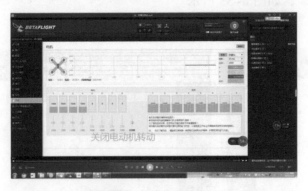

图 6-57   关闭电动机转动

（图片源自：HGLRC）

12）打开相应的记录文件，如图 6-58 所示。

13）在 EXCEL 表格中，把数据输入相应的公式，如图 6-59 所示。

14）计算后的数值，如图 6-60 所示。

图 6-58 打开相应的记录文件

（图片源自：HGLRC）

图 6-59 把数据输入相应的公式

（图片源自：HGLRC）

图 6-60 计算后的数值

（图片源自：HGLRC）

15）与标准值进行比较，得出结论，如图 6-61 所示。

图 6-61　进行比较，得出结论

（图片源自：HGLRC）

复习思考题

1. 根据无人机的_____等相关要求，对无人机进行_____、____及____。

2. 按照_____等相关要求，使用_____进行无人机的_____。

3. 使用相关_____和____，进行无人机系统和功能模块的____与____。

4. 使用专用检测仪器及软件进行无人机_____、_____和____。

5. _____控制器（_____，PID）。

6. PID 是一种_____，主要根据_____和_____构成_____，然后利用____给出合理的_____。

7. 陀螺仪用于无人机运动的自动控制系统中，作为采集____、____、____、____和_____信号的传感器。

8. 陀螺仪是_____——能减少无人机在空中飞行时的____。

9. 陀螺仪是_____——能准确提供无人机的_____。

第 7 章　无人机保养与维修

7.1　飞行检查

1. 飞行前检查工作页（见表 7–1）

表 7–1　飞行前检查工作页

序号	检查项目	外表是否损伤	螺栓是否拧紧	插头是否松动	焊接点是否松动	电池电量是否充足	遥控器设置是否正确
1	桨叶						
2	电动机						
3	电调						
4	机架						
5	图传						
6	摄像头						
7	插头						
8	电池						
9	视频眼镜						
10	遥控器						

2. 飞行演示

一切准备就绪，开始飞行吧。

穿越公园　　穿越校园　　穿越户外　　倒飞　　穿越湖心岛

3. 飞行后检查

1）飞行结束后，仍然需要对无人机按飞行前的项目进行相应的检查、修复、保养。

2）拆下电池，把电池专门放到安全的地方进行充电或者放入电池专用保存地进行存放。

3）无人机也要存放在干燥处。

4）及时从无人机下载相关飞行资料，用于分析无人机在飞行中存在的问题，便于改进。

7.2 无人机日常保养

无人机是一种长期、重复使用的飞行器，日常维护、保养对延长无人机使用寿命十分重要。

1. 环境

无人机属于精密飞行器具，电子元件比较多，对日常保养环境的温度、湿度有一定的要求。

1）日常保养环境的温度控制在 20~26℃为宜。

2）日常保养环境的湿度控制在 15% 以下为宜，防止电子元件受潮，导致集成电路或者电器元件短路，烧坏电器元件。

2. 日常检查

（1）螺旋桨叶　每次飞行结束后都要检查螺旋桨叶外观有没有折弯、破损、裂纹、折断，只要检查出螺旋桨叶存在问题，应立即更换。

（2）电动机

1）检查电动机接线处是否松动，如果有，则应及时修复。

2）检查固定电动机的螺栓是否松动，如果有，则应及时拧紧。

3）检查电动机运转是否灵活、正常，如果有，则应及时排除。

4）检查电动机是否有烧伤，如果有，则应及时修理、更换。

（3）电调

1）检查电调接线处是否松动，如果有，则应及时修复。

2）检查电调是否有烧伤，如果有，则应及时修理、更换。

（4）机架

1）检查螺栓是否松动，如果有，则应及时拧紧。

2）检查机臂是否损伤、裂纹、折断等，如果有，则应及时修理、更换。

（5）遥控器

1）检查遥控器的天线是否有损伤，如果有，则应及时更换天线。

2）检查遥控器各开关、摇杆是否灵活，如果不够灵活，则应及时修理或者找厂家售后帮助修复。

3）检查遥控器的电量是否充足，电量不足时，及时更换电池。

（6）电池

1）充电时，一定要使用正规、品牌厂家具有平衡功能的充电器对电池进行充电，确保充电时的安全。

2）充电时，必须要有人值守，确保充电安全。

3）不允许过充电，不允许过放电；因为电池过充电、过放电会使电池组中单颗电芯不平衡，容易导致电池着火，如图 7-1 所示。

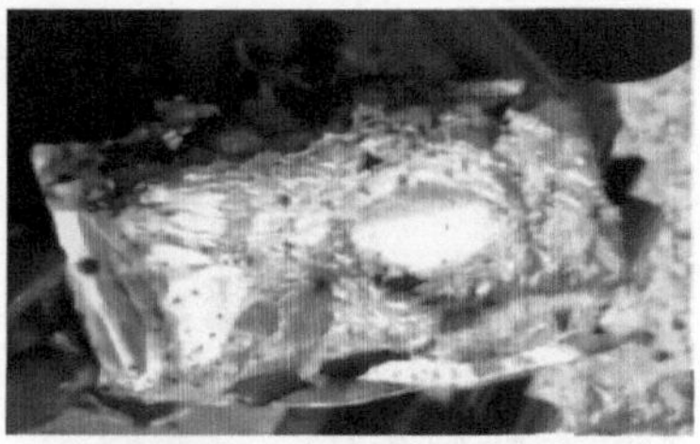

4）不允许满电保存，长期满电保存会造成电池性能下降很快。

图 7-1　电池着火后的残骸

（图片源自：格瑞普电池）

5）不允许损坏电池包装，电池的铝塑膜损坏将会引发电池起火、爆炸。

6）焊接电池电源线时，要特别注意正、负极焊接正确，否则会引起电子元件短路。

7）不允许低温飞行，低温飞行对电池损伤太大。

3. 无人机锂电池充电安全防范消防措施

（1）锂电池燃烧正确灭火的方法

1）锂电池组在充电过程中起火时，首先切断设备的电源。

2）迅速使用石棉手套或火钳，取下充电器上正在燃烧的锂电池，马上搁置于地面或消防沙桶中。

3）马上用石棉毯（见图 7-2）盖住地面上锂电池燃烧的火苗。

4）使用工兵铲铲上消防沙（见图 7-3）掩埋在石棉毯上，彻底隔绝空气将火扑灭。

图 7-2　石棉毯及石棉手套

图 7-3　消防沙、火钳、工兵铲

（图片源自：格瑞普电池）

（2）灭火的注意事项

1）使用干粉灭火器进行扑灭的效果不好，对于固体金属化学类的火灾，需要大量干粉才能起到完全覆盖作用，而且对设备、设施腐蚀严重，并且会污染环境。

2）采用二氧化碳灭火器进行扑灭，不会污染环境和腐蚀设备、设施，但只能对火苗起到瞬间抑制作用，必须配合使用消防沙、石棉毯，才能将火势彻底隔离、扑灭，这是处理锂电池突然燃烧的最好方法。

3）第一时间发现者除了应尽快组织扑救外，还应立即使用通信工具通知值班、保安及其他人员进行增援，必要时报火警（119），以减少财产损失和人员伤害。

7.3　无人机维修

1. 螺旋桨叶

1）作用：螺旋桨叶是无人机动力系统的重要组成部分，通过快速旋转，产生升力，把无人机提升到空中。

2）若螺旋桨叶折断，则应更换新的螺旋桨叶，如图 7-4 所示。

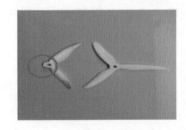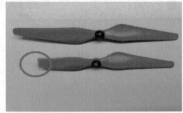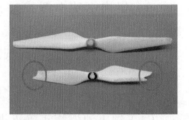

图 7-4　螺旋桨叶折断

3）螺旋桨叶折损，也需要更换新的螺旋桨叶，如图 7-5 所示。

图 7-5　螺旋桨叶折损

①从动平衡的角度来说，螺旋桨叶折损后难以再次完全实现平衡。

②如果为了省事，只把桨叶简单恢复原样就去飞行，其有可能在空中彻底折断，从而导致无人机突然失去控制，极易造成炸机事件。

4）保养、维护螺旋桨叶时，千万不能大意，一定要认真检查，当发现螺旋桨叶有问题时，一定要及时更换。

5）螺旋桨叶本身成本比较低，千万不要因小失大。

2. 无刷电动机

（1）作用　无人机的动力来源，带动螺旋桨转动。

（2）受损判断

1）无刷电动机机壳受损，线圈没有损伤，需要更换同型号电动机的机壳。

2）把无刷电动机外盖及外壳拆开，可以清楚地看到电动机线圈烧伤受损，需要更换同型号的线圈或者更换新的同型号电动机，如图 7-6 所示。

图 7-6　电动机线圈烧伤受损

3. 电调

（1）作用　给无刷电动机供电、控制无刷电动机转速，飞控连接无刷电动机的桥梁，是无人机系统里的一个关键部件。

（2）分类　有独立电调、集成电调两类。

（3）鉴别

1）独立电调集成电路板由于电流过大，部分元器件烧损，如图 7-7 所示。

2）从独立电调外包装可以看出，其已经被烧坏；拆开外包装，可以直接看到里面集成电路板的部分元器件烧损，如图 7-8 所示。

图 7-7　独立电调集成电路板部分元器件烧损

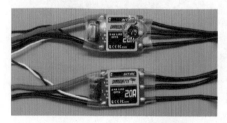

图 7-8　独立电调受损情况

3）集成电调电路板因为电流过大，部分元器件烧损，如图 7-9 所示。

图 7-9　集成电调电路板烧坏对比

（4）更换或维修　最简单的办法就是更换一个新的、同型号的电调，但是如果经常出现电调被烧坏的情况，这就需要考虑是否要更换一个比原来更能承受大电流的电调来解决这个问题。关于修复电调的办法，详见本书 1.4 节和 1.5 节内容。

（5）选择　更换新电调原则。

1）镀铜——电调集成电路板优先选用表面镀铜的，铜镀得越厚，通过大电流的性能越好，越能有效减少发热。

2）散热器——能有效提高电调的散热速度，降低电调的温度。

4. 机架

（1）作用　无人机的骨架是所有元器件、部件及组件的承载平台。

（2）受损判断　如图 7-10、图 7-11 所示，当机架的机臂摔断、折断时，应更换相应的新机臂。

图 7-10　机臂摔断

图 7-11　机臂折断

5. 飞控

（1）作用

1）接收接收机传来的遥控信号，按照指令控制电调、调度电流，让 4 个电动机分别以不同的速度旋转，从而调整无人机的飞行姿态。

2）控制传感器、机载计算机和伺服电动机三大部分，负责协调无人机飞行。

（2）受损判断　飞控芯片短时间承载电流过大，导致飞控集成电路芯片烧坏，需要更换新的飞控芯片或者进行修复，如图 7-12 所示。

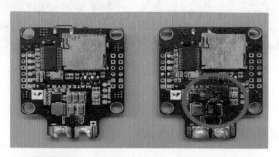

图 7-12　飞控芯片集成电路板烧坏对比

（3）飞控芯片选择及鉴别　具体内容参见本书 4.4 节 "7. 飞控芯片选择及鉴别。"

6. 接收机——接收集成电路板

（1）作用　无人机上安装的接收机与遥控器配套，其接收到遥控器发出的信号后，立即转发给飞控芯片，起到了遥控器与飞控芯片之间通信传递的桥梁作用。

（2）受损判断　接收集成电路板短时间承载了过大的电流，导致其上部分元器件烧坏，需要更换新的接收集成电路板或者进行修复，如图 7-13 所示。

图 7-13　接收集成电路板烧坏对比

7. 分电板——多功能分电集成电路板

（1）作用　分电板将电池电量分配给无人机各个用电部分，两路分配：

1）电池→分电板→飞控→接收机、图传、摄像头、LED 灯、低电量报警器。

2）电池→分电板→4 个电调（集成电调）→电动机。

（2）受损判断　多功能分电集成电路板短时间承载了过大的电流，导致其上部分元器件烧坏，需要更换新的多功能分电集成电路板或者进行修复，如图 7-14 所示。

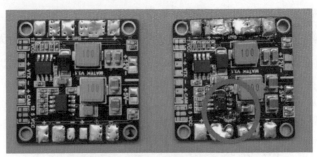

图 7-14　分电集成电路板烧坏对比

8. 摄像头

（1）作用　录像或者照相。

（2）受损判断

1）如图 7-15 所示，当摄像头正面损坏时，需更换新的摄像头。

2）如图 7-16 所示，当摄像头背面烧坏时，需更换新的摄像头。

图 7-15　摄像头正面损坏对比

图 7-16　摄像头背面烧坏对比

9. 电池——锂电池

（1）作用　为多旋翼无人机提供动力。

（2）受损判断

1）当电池正面、侧面受到冲击，局部产生变形时，容易发生起火或者爆炸，严禁再次使用，必须更换新电池，如图 7-17 所示。

2）当电池背面受到挤压，局部产生变形时，容易发生起火或者爆炸，严禁再次使用，必须更换新电池，如图 7-18 所示。

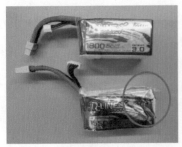
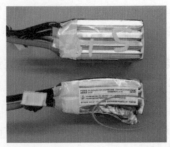
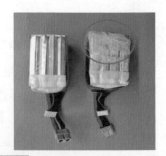

图 7-17　受到冲击电池局部受损、变形

图 7-18　电池背面局部受损、变形

第 2 篇

人工智能应用

无人机装调检修技
术与人工智能应用

02

第8章 人工智能基础

8.1 人工智能概念

人工智能源于 1956 年夏季，以麦卡赛、明斯基、罗切斯特和申农等为首的一批有远见卓识的年轻科学家共同研究和探讨用机器模拟智能问题时，首次在全球提出了"人工智能"的概念。

人工智能就其本质而言，是对人的思维信息过程的模拟，是一门新型交叉型学科，也是计算机科学的一个分支。

以与人类智能相似的方式做出反应的智能无人系统，能够指挥、操控机器胜任原来需要普通人类智能才能完成的部分简单甚至复杂工作。

人工智能融合了各个领域，涉及了各行各业，悄然改变着我们的生活方式和生活习惯，造就了庞大的无人系统应用场景：智能家居、智能导航、无人售票、无人运输、无人安防（指纹识别、人脸识别、视网膜识别、虹膜识别、掌纹识别）、扫描翻译（机器人视觉）、语音翻译（机器人听觉）、工业机器人、服务机器人、无人工厂（黑灯工厂）、无人驾驶汽车、无人机、反制无人机、无人船、无人潜艇、星链卫星等。

8.2 无人系统

人工智能造就了无人系统，这将是改变未来社会生活方式、生产模式乃至战争形势的生力军。

（1）无人系统的应用

1）随着人工智能技术的发展，以机器人、无人驾驶汽车和无人机等为代表的无人系统开始部分代替人类从事各种场景中简单或者复杂的工作：

①无人售货柜和无人销售机器人。

②无人驾驶汽车，人车对话、辅助驾驶、智能座舱。

③无人机测绘、空地协同。

2）机器人代替人类从事部分危险工作：

①当发生水灾、地震、火灾等灾情时，无人机可以前往事故地进行空中侦察。

②当发生战争时，无人机、无人战车、无人战船可以代替人去前线作战。

（2）无人系统的组成　无人系统既可以是"控制芯片＋任务载荷"等组成的简单系统，也可以是"平台＋任务载荷＋指挥控制系统＋空、天、地信息网络系统"等组成的复杂系统。

1）6G 网络将以"地面蜂窝网络＋卫星＋无人机＋空中平台＋多种非地面通信"，实现"空、天、地一体化通信网络无缝覆盖"。

2）遥感监测＋卫星影像＋地面监控＋移动监测＋在线监测＋动态监测＋指挥中心等环节，实现智慧环保无人系统，如图 8-1 所示。

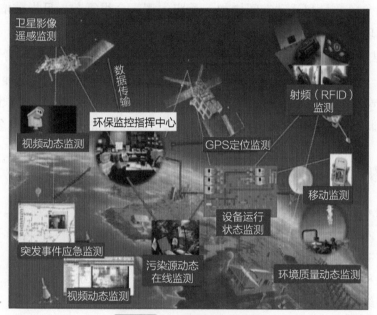

图 8-1　智慧环保无人系统

（图片源自：北京天佑恒达工控）

（3）无人系统技术　无人系统技术就是无人系统方面的人工智能化的技术。无人系统技术的发展，将使未来的战争演变成智能化的战争。

低成本的无人机正在改变传统钢铁洪流（坦克＋火炮）的作战模式，朝着以"无人机＋有人机＋无人战车＋无人战船"等智能化、立体化为主的未来战争模式发展。

8.3　无人系统的人工智能化

无人系统的人工智能化主要研究如何运用人工的方法和技术，通过各种自动化设备或智能化机器（计算机）来模仿、延伸和扩展人的智能，在实际的工作场景中实现部分设备、系统自动化运行。

人的智力——是人认识、理解客观事物，并运用知识、经验等解决问题的能力，包括理解、判断、解决问题，抽象思维，表达意念以及语言和学习的能力。对人工智能来说，其算力就是智力。

人工智能的四大要素：大数据、算力、算法、场景。人工智能中的智能都蕴含在大数据中；算力为人工智能提供了基本的计算能力；算法是实现人工智能的基本途径；作为输入端的大数据、算力、算法，只有输出到实际的工作场景，才能体现人工智能的实际价值。

人工智能在计算机上实现无人化系统时，有两种不同的编程方式：

1）传统的编程技术，要让系统出现智能效果，需要人工详细规定程序的逻辑，如果事件复杂，角色数量和活动空间增加，相应的逻辑会很复杂（呈指数增长），人工编程就很容易出现错误；一旦出错误，就必须重新修改源程序，重新调试。

2）模拟法，要求实现的方法和人类所用的方法相同或相类似；编程者要为事件的每一个角色设计一个智能系统来进行控制，这个智能系统初期就像初生婴儿那样懵懂，但它能够进行机器式的学习，渐渐地适应环境，应付各种复杂情况；系统开始时也常会犯错误，但它能吸取教训，下一次运行时就可能改正，至少不会永远错下去，直到完全胜任为止。

8.4　智能机器人

智能机器人可以模仿人的手臂，如机械臂机器人；可以模仿人的行走，如人型机器人；可以模仿人类的视觉，如人脸识别技术；可以模仿人的声音，如语音机器人；可以模仿人类的学习，如 AlphaGo（阿尔法狗）等。

一般智能机器人具有五大感知系统：视觉系统、听觉系统、传感器系统、本地系统和云端大脑系统。

8.5　视觉系统

1. 机器视觉系统

1）机器视觉——人工智能的眼睛，使用机器视觉来代替人眼进行识别、检测和判断。

2）机器视觉系统由工业相机或摄像机（获取图像）+ 图像采集卡 + 计算机（图像处理、分析）组成。

3）机器视觉系统的工作原理：工业相机的感光元器件 CCD、CMOS 和辅助照明→获得检测目标→模拟图像信号→图像处理系统（转化为目标的形态信息——像素分布和亮度、颜色等）→转变成数字信号→图像系统对信号进行运算→提取图像特征→图像分割→图像辨识→判别结果，如图 8-2 所示。

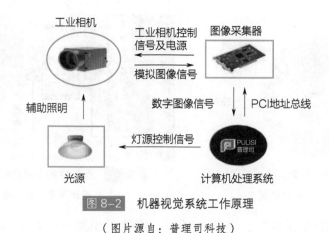

图 8-2 机器视觉系统工作原理

（图片源自：普理司科技）

2. 主要应用

（1）针对人体

1）人脸识别——机器视觉系统能够直接识别每个人面部多个特征点或关键点，把识别到的人脸特征点或关键点与人脸库进行比对，确定人的性别、年龄及身份，如图 8-3 所示；人脸识别在单位考勤、社区出入门禁等应用场景中较为普及。

2）指纹识别——机器视觉系统能够在读取指纹和比对指纹时，确定的人的身份；指纹识别在指纹锁、单位指纹考勤机等应用场景中较为普及，如图 8-4 所示。

图 8-3 人脸识别

（图片源自：天极网）

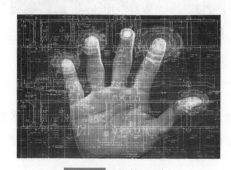

图 8-4 指纹识别

（图片源自：资讯中心）

3）虹膜识别——虹膜识别通过对人眼虹膜 5 个特征点或关键点的识别，与人眼的虹膜库进行比对，确定人的性别、年龄及身份，如图 8-5 所示；虹膜识别常用于高级安防系统。

（2）针对物体

1）物体识别——行驶中的无人车辆装有机器视觉系统，在行驶过程中，机器视觉系统可以自动识别道路上的行人、车辆及交通信号灯颜色，通过图像处理，迅速做出判断和处理，如图 8-6 所示。

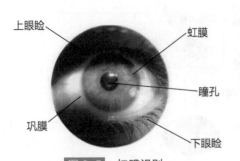

图 8-5 虹膜识别

（图片源自：智能制造网）

图 8-6 行驶中的车辆自动识别红绿灯

（图片源自：斯巴鲁）

2）二维码（能储存数字、字符、汉字、图像）识别——通过二维码扫描器（如图 8-7 所示）扫描二维码，能准确、自动识别二维码内含的二进制数据，可以获取二维码中包含的信息，如图 8-8 所示。

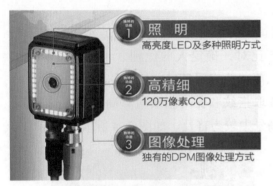

图 8-7 二维码扫描器

（图片源自：松下电器）

图 8-8 获取二维码信息

（图片源自：文档网）

3）场景识别——机器视觉系统能够直接识别出大型建设工地、正在使用中的工程机械的类型及数量，并进行记录，如图 8-9 所示。

图 8-9 场景识别

（图片源自：百度 AI）

8.6　听觉系统

视觉是人工智能的眼睛，听觉就是人工智能的耳朵。

1. 机器听觉系统的工作流程（语音交互，识别）

1）拾取：将自然的语音信号转化为数字信号。

2）前处理：对采集到的语音信号进行降噪、消回声、去混响处理，形成音频信号。

3）使用本地或云端的语音识别，对音频信号进行识别和语义分析。

4）机器进行智能反馈。

2. 应用

1）语音识别与自然语言理解，语音交互服务形式如图 8-10 所示。

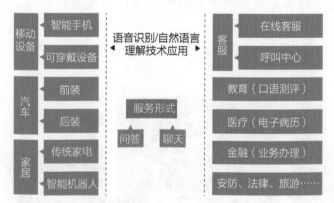

图 8-10　语音交互服务形式

（图片源自：科大讯飞）

2）听觉系统应用范围示意如图 8-11 所示。

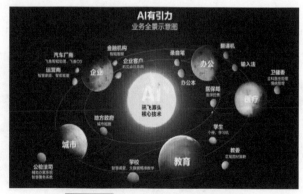

图 8-11　听觉系统应用范围示意

（图片源自：科大讯飞）

3）典型应用：

①导航：运用语音识别系统，可以设置目的地进行直接导航，安全又便捷。

②翻译：运用语音识别系统，可以把中文翻译成英文、英文翻译成中文等。

③输入：通过语音识别系统，可以在手机和计算机上进行文字性输入。

④电话：通过语音识别系统，能够理解人类语言，实现自动呼叫、自动应答，用人类语言与应答者进行沟通、对话。

8.7 传感器系统

1. 识别传感器

1）二维视觉传感器是使用摄像机、摄像头或者照相机进行拍摄、识别，如图 8-12 所示。

2）三维视觉传感器是使用两个摄像机在不同角度进行拍摄、识别，如图 8-13 所示。

3）激光雷达、激光扫描传感器，用于识别图像、避障、定高、测距，如图 8-14 所示。

图 8-12 二维视觉传感器

图 8-13 三维视觉传感器

图 8-14 激光雷达传感器

2. 测温传感器

1）温度传感器能感受温度，并将其转换成可用输出信号，如图 8-15 所示。

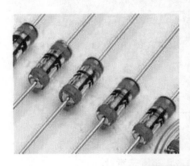
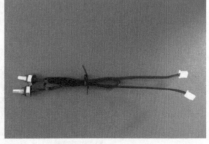
图 8-15 温度传感器

2）红外传感器是利用红外线探测器中探测元件接收到辐射能后，引起温度升高的传感器，如图 8-16 所示。

3. 声音传感器

声音传感器通过一个话筒接收声波，并据此显示声音的振动图像，如图 8-17 所示。

图 8-16　红外传感器　　　　图 8-17　声音传感器

4. 光电传感器

光电传感器是利用光电元件将光信号转换为电信号的传感器，如图 8-18 所示。

5. 陀螺仪传感器

陀螺仪传感器简单易用，相当于电子陀螺，能用于自由空间移动、手势的定位、控制系统等，如图 8-19 所示。

图 8-18　光电传感器　　　　图 8-19　陀螺仪传感器

6. 压力传感器

压力传感器常用于各种工业人工智能自动控制环境，微型压力传感器如图 8-20 所示。

7. 声呐

声呐是用于对水下目标进行探测、分类、定位和跟踪，并且进行水下通信和导航的电子设备，如图 8-21 所示。

图 8-20 微型压力传感器

图 8-21 声呐

8.8 本地系统

本地系统包含主板和控制面板。

1. 主板

主板是机器人的大脑，也是接受信息、处理信息、发出指令的指挥中心。根据用途不同，主板的复杂程度分为以下几种：

（1）简易主板＋控制面板　简易主板，能进行图形化编程、演示，如图 8-22 所示。

（2）专业加工主板　计算机数字控制机床（CNC）雕刻机专用主板，专门用于 CNC 雕刻机自动编程加工，如图 8-23 所示。

图 8-22 简易主板＋控制面板

图 8-23 CNC 雕刻机专用主板

（3）机器人主板　库卡机器人专用主板，专门用于库卡机器人操作控制，如图 8-24 所示。

2. 控制面板

1）按钮式控制面板，如图 8-25 所示。

图 8-24 库卡机器人专用主板

图 8-25 按钮式控制面板

（图片源自：库卡）

2）按键式控制面板，如图 8-26 所示。

3）数字化控制面板，如图 8-27 所示。

图 8-26 按键式控制面板

（图片源自：库卡）

图 8-27 数字化控制面板

（图片源自：松下）

8.9 云端大脑系统

1. 云端大脑系统概念

云端大脑系统——通过 5G 专用通信网络，能实现云端大脑比人脑运算快的目标。

2. 应用

1）云端大脑系统能将信号传输给千里之外的机器人控制器，提供机器人远程需要控制以及指挥机器人智能视觉、智能听觉、智能运动等人工智能的能力。

2）云端大脑系统 = 各地机器人的控制大脑放到云端 + 使用 5G 以上专用高速网络作为各地机器人的连接神经，直接、快速控制各地末端机器人各种动作。

8.10　智能机器人与无人机对比

1. 相同点

1）智能机器人和无人机都是伴随人工智能发展未来的产物。

2）智能机器人和无人机都有视觉系统、传感系统、本地（控制）系统等，所用到的技术基本原理相通，甚至有些模块化的功能组件可相互迁移。

2. 不同点

（1）运动空间不同　智能机器人是地面机器人，无人机是空中机器人。

（2）运动系统不同

1）智能机器人通过"驱动系统（电动传动——车轮+电动机、液压传动、气压传动）+控制部分+机械部分（机座+手臂+机械手+末端操作器或者操控面板）"来实现移动。

2）无人机通过"螺旋桨+电动机+电调+控制系统（飞控）+机体+通信链路+任务载荷（照相机、摄像机、红外探测仪、救援器材、药箱、照明灯等）+遥控器或地面站"来实现飞行。

复习思考题

1. 人工智能英文全称是 _____，简称或缩写是 ___。

2. 人工智能主要研究如何运用人工的 ____ 和 ____，通过各种 _____ 或 _____（_____）来 ____、____ 和 ____ 人的智能，在实际的工作场景中实现部分设备、系统 _____ 运行。

3. 对人工智能来说：其 ____ 就是智力。

4. 人工智能的四大要素：_____、____、____、____。

5. 人工智能中的智能都蕴含在 _____ 中。

6. 算力为人工智能提供了 ____ 的 ____ 能力。

7. ____ 是实现人工智能的基本途径。

8. 作为输入端的 _____、____、____，只有输出到 ____ 的工作场景，才能体现人工智能的实际 ____。

9. 智能机器人可以模仿人的手臂，如 _____ 机器人。

10. 智能机器人可以模仿人的行走，如 ____ 机器人。

11. 智能机器人可以模仿人类的视觉，如 _____ 技术。

12. 智能机器人可以模仿人的声音，如 ____ 机器人。

13. 智能机器人可以模仿人类的学习，如 _____（_____）。

14. 智能机器人具有五大感知系统：＿＿系统、＿＿系统、＿＿＿系统、＿＿系统、＿＿＿＿系统。

15. 二维视觉传感器是使用＿＿＿、＿＿＿或者＿＿＿进行＿＿、＿＿。

16. 三维视觉传感器是使用＿＿＿＿＿在不同角度进行＿＿、＿＿。

17. 机器视觉——人工智能的＿＿，使用机器视觉来代替＿＿进行＿＿、＿＿和＿＿。

18. 机器视觉系统由＿＿＿＿＿＿＿（获取图像）+＿＿＿＿＿+＿＿＿（＿＿＿＿、＿＿）组成。

19. ＿＿＿＿通过对人眼虹膜＿个特征点或关键点的识别，与人眼的虹膜库进行比对。

20. 二维码——能储存＿＿、＿＿、＿＿、＿＿。

21. 扫描二维码，能＿＿、＿＿＿二维码内含的＿＿＿＿＿，可以获取二维码中包含的＿＿。

22. 机器听觉系统的工作流程中，拾取是指将＿＿的＿＿信号转化为数字信号；前处理是指对采集到的语音信号进行＿＿、＿＿、＿＿＿，形成＿＿信号；使用＿＿或＿＿的语音＿＿，对＿＿信号进行＿＿和＿＿＿。

23. 本地系统——＿＿+＿＿面板。

24. ＿＿是机器人的大脑，也是＿＿＿、＿＿＿、＿＿＿的指挥中心。

25. 智能机器人和无人机都有＿＿系统、＿＿系统和＿＿（＿＿）系统。

第 9 章 无人机人工智能应用场景——空地协同

9.1 空地协同

空地协同是指空地协调两个或者两个以上的无人机与智能车，一致地完成某一目标。单一智能体获取信息及解决问题的能力有限，在多数情况下，无法直接满足完成任务的全部要求。通过多个智能体之间的合作与协同，能大幅提高完成任务的效率和能力。

本章简单介绍无人车和无人机的空地协同。

9.2 实时动态定位（RTK）基站安装

RTK 基站安装

1）RTK 基站天线脚架安装，如图 9-1 所示。

2）RTK 基站天线安装，如图 9-2 所示。

图 9-1　天线脚架安装

图 9-2　RTK 基站天线安装

（图片源自：中优）

3）RTK 基站天线同轴信号线连接，如图 9-3 所示。

4）同轴线连接 RTK 基站端，如图 9-4 所示。

5）摆放脚架时在地面上做好标记，使用 USB 接口连接计算机，如图 9-5 所示。

6）连接 Mp 地面站界面，如图 9-6 所示。

图 9-3 同轴信号线连接

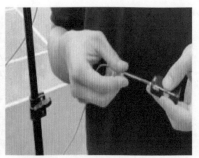
图 9-4 同轴线连接 RTK 基站端

（图片源自：中优）

图 9-5 USB 接口连接计算机

图 9-6 连接 Mp 地面站界面

（图片源自：中优）

9.3 遥控器与飞行器校准

遥控器校准与
飞行模式设置

1. 遥控器校准

1）遥控器开机前，先把遥控器的油门打在最低位，如图 9-7 所示。

2）打开遥控器电源，遥控器开机，如图 9-8 所示。

图 9-7 油门打在最低位

图 9-8 遥控器开机

（图片源自：中优）

3）选择遥控器，单击"校准"并单击"确认"，如图 9-9 所示。

4）在遥控器开始校准前，在计算机上单击"下一步"，如图 9-10 所示。

图 9-9　单击"校准"并单击"确认"　　图 9-10　在计算机上单击"下一步"

（图片源自：中优）

5）进入校准后，按照右上角提示图进行操作，如图 9-11 所示。

6）对遥控器的所有摇杆进行校准，如图 9-12 所示。

图 9-11　按照右上角提示图进行操作　　图 9-12　对遥控器的所有摇杆进行校准

（图片源自：中优）

2. 飞行器校准

1）遥控器开关明细，如图 9-13 所示。

2）进入地面站，打开飞行模式设置，如图 9-14 所示。

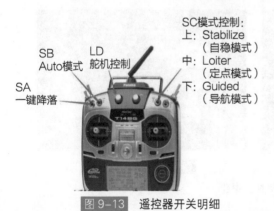

图 9-13　遥控器开关明细　　图 9-14　打开飞行模式设置

（图片源自：中优）

3）飞行模式（1~6）和通道选项（7~8），如图 9-15 所示。

图 9-15　飞行模式（1~6）和通道选项（7~8）

（图片源自：中优）

4）把遥控器摇杆设置到相应通道，如图 9-16 所示。SA 为第 8 通道，SB 为第 7 通道，SC 为第 5 通道，LD 为第 6 通道。

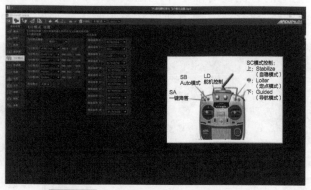

图 9-16　把遥控器摇杆设置到相应通道

（图片源自：中优）

自主巡航小车
安装

9.4　自主巡航小车（AGV）

1）AGV 构成：AGV 小车主体、遥控器、RTK 天线、电池，如图 9-17 所示。

2）安装 RTK 天线，如图 9-18 所示。

图 9-17　AGV 构成

图 9-18　安装 RTK 天线

（图片源自：中优）

3）遥控器开关使用明细，如图 9-19 所示。

4）开启遥控器，把右边的摇杆打到最低位，打开电源，如图 9-20 所示。

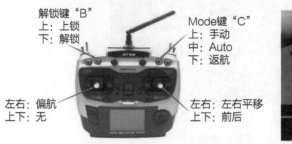

图 9-19　遥控器开关使用明细

图 9-20　开启遥控器

（图片源自：中优）

5）安装电池，把电池背侧面对准小车电池安装槽，把电池压紧，如图 9-21 所示。

6）找到电源线接头，接好后，把电池安装盖板盖上，如图 9-22 所示。

 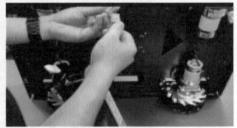

图 9-21　安装电池

图 9-22　接通电源

（图片源自：中优）

7）搬开小车四边折叠板，按下电源开关，小车进入初始化，如图 9-23 所示。

8）手动操作遥控器，把模式开关拨到上面，打开模式开关，如图 9-24 所示。

9）把左边的摇杆拨到最下面，解锁小车，如图 9-25 所示。

10）小车解锁后，通过左、右摇杆控制小车运动，如图 9-26 所示。

图 9-23　按下电源开关

图 9-24　打开模式开关

（图片源自：中优）

图 9-25　解锁小车

图 9-26　控制小车运动

（图片源自：中优）

11）使用 Mp 地面站软件，进行小车运动路线规划，与无人机航线规划方法一样（航线规划方法详见：由机械工业出版社出版的《无人机操控与竞技》6.3 节自动航线规划），如图 9-27 所示。

12）手动操作结束后，切记使用遥控器给小车上锁，如图 9-28 所示。

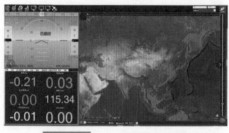

图 9-27　地面站软件界面

图 9-28　给小车上锁

（图片源自：中优）

程序测试及模拟仿真

9.5　程序测试及模拟仿真

1. 爪子抓取测试

1）打开"ipython"软件，如图 9-29 所示。

2）更改实时 IP 地址，如图 9-30 所示。

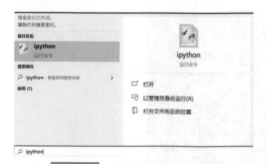

图 9-29　打开"ipython"软件

图 9-30　更改实时 IP 地址

（图片源自：中优）

3）测试连接状态，如图 9-31 所示。

4）复制爪子开关程序到"ipython"软件里，如图 9-32 所示。

图 9-31　测试连接状态　　　图 9-32　复制爪子开关程序到"ipython"软件里

（图片源自：中优）

5）执行爪子程序，爪子执行循环抓取动作，如图 9-33 所示。

2. 灯光、摄像头测试

1）打开"Powershell"软件，如图 9-34 所示。

图 9-33　爪子执行循环抓取动作　　　图 9-34　打开"Powershell"软件

（图片源自：中优）

2）进入"ipython"程序编写，如图 9-35 所示。

图 9-35　进入"ipython"程序编写

（图片源自：中优）

3）导入灯光测试程序，如图 9-36 所示。

4）做灯光闪烁效果测试，如图 9-37 所示。

图 9-36　导入灯光测试程序　　　　图 9-37　做灯光闪烁效果测试

（图片源自：中优）

5）导入摄像头测试程序，如图 9-38 所示。

3. 仿真软件

1）打开仿真软件。

2）仿真软件程序界面，如图 9-39 所示。

3）仿真软件静止场景画面，如图 9-40 所示。

4）调入 1 架无人机进入场景中，如图 9-41 所示。

图 9-38　导入摄像头测试程序

图 9-39　仿真软件程序界面

（图片源自：中优）

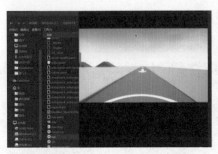 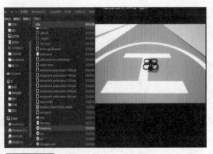

图 9-40　仿真软件静止场景画面　　图 9-41　调入 1 架无人机进入场景中

（图片源自：中优）

4. 对接地面站

1）与地面站进行连接，如图 9-42 所示。

2）与地面站对接成功，如图 9-43 所示。

图 9-42　与地面站进行连接　　图 9-43　与地面站对接成功

（图片源自：中优）

5. 对接无人机

通过程序连接无人机并对接成功。

6. 开始仿真

1）解锁无人机，如图 9-44 所示。

2）执行起飞程序，如图 9-45 所示。

图 9-44　解锁无人机　　图 9-45　执行起飞程序

（图片源自：中优）

3）过地面站，规划航线，确定无人机飞行航线，如图 9-46 所示。

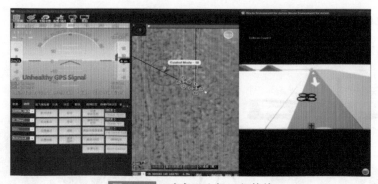

图 9-46 确定无人机飞行航线

（图片源自：中优）

4）在仿真时，可以对无人机的飞行环境进行配置，如图 9-47 所示。

5）在仿真时，可以对无人机的飞行变量进行设置，如图 9-48 所示。

图 9-47 环境配置 　　图 9-48 变量设置

（图片源自：中优）

9.6 空地一体协同

1. 无人机与 AGV 平台

1）无人机上的传感器，如图 9-49 所示。

2）AGV 如图 9-50 所示。

人工智能飞行
器平台

图 9-49 无人机上的传感器 　　图 9-50 AGV

（图片源自：中优）

3）空地一体无人机与 AGV 协同结构，如图 9-51 所示。

2. 传感器安装与调试

安装传感器并调试，如图 9-52 所示。

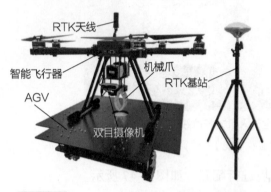
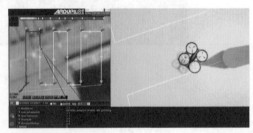

图 9-51　空地一体无人机与 AGV 协同结构　　　图 9-52　传感器安装

（图片源自：中优）

3. 仿真

1）无人机按照飞行路线做仿真飞行，如图 9-53 所示。

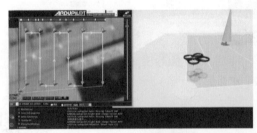

图 9-53　无人机按照飞行路线做仿真飞行

（图片源自：中优）

2）无人机在仿真时，能做仿地飞行模拟，如图 9-54 所示。

3）仿真时，无人机正在模拟穿越障碍门，如图 9-55 所示。

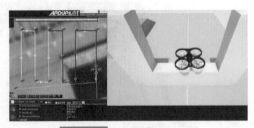

图 9-54　仿地飞行　　　　　　　　　图 9-55　穿越障碍飞行

（图片源自：中优）

4. 外场验证

1）图 9-56 所示为 AGV 带载无人机执行任务。

2）当无人机在执行任务过程中遇到松树时，无人机会提前进行自动避障，如图 9-57 所示。

图 9-56　AGV 带载无人机执行任务　　图 9-57　无人机自动避障

（图片源自：中优）

3）当无人机亮起红灯时，表示电池电量不足，难以继续飞行执行任务，此时可以返回 AGV 进行充电，如图 9-58 所示。

4）当无人机在 AGV 上充满电后，无人机上的绿灯亮起，无人机准备起飞，继续执行下一个任务，如图 9-59 所示。

图 9-58　无人机返回 AGV 进行充电　　图 9-59　无人机绿灯亮起

（图片源自：中优）

5）无人机与 AGV 协同前进，奔向下一个目标，如图 9-60 所示。

6）图 9-61 所示为无人机正在依照地型变化进行飞行，以便执行任务。

图 9-60　无人机与 AGV 协同前进　　图 9-61　依照地型进行飞行

（图片源自：中优）

9.7　空地协同人工智能应用案例——森林防火

（1）难点

1）森林火灾是一种突发性强、破坏性大、处置救助较为困难的自然灾害。

2）森林发生火灾时，调动消防救援难度比较大，现场及时调度、指挥较为困难。

3）森林发生火灾时，信息传递、沟通速度相对较慢。

4）森林火灾扑灭后，难以准确评估火灾损失。

（2）对策

1）借助人工智能——空、天、地防控模式，加强防控。

2）建立信息系统，快速联通省、市、县、乡镇主管部门。

3）通过搭载大倍率变焦可见光照相机、热成像照相机和激光测距仪的无人机，可以快速获得森林发生火灾的信息，并通过手机、网络传递，锁定森林火灾的位置。

4）运用大数据，优化救援方案，进行远程决策。

5）及时调动直升机、无人机、消防救援人员和工程机械实施灭火，设置临时防火带相结合的灭火实施方案。

6）森林火灾扑灭结束后，运用无人机，测绘出本次火灾烧毁森林实际面积，准确评估火灾带来的损失。

（3）演示　空、天、地森林防火管控平台，如图 9-62 所示。

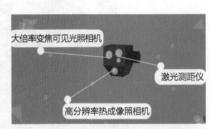

图 9-62　空、天、地森林防火管控平台示意

（图片源自：林科达）

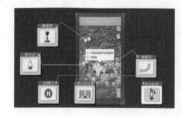

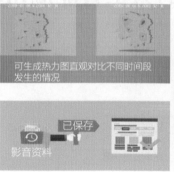
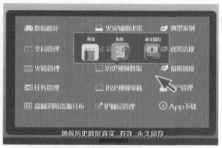

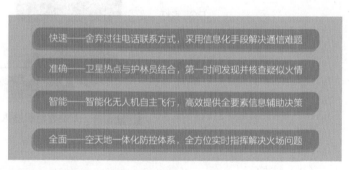

图 9-62　空、天、地森林防火管控平台示意（续）

（图片源自：林科达）

第10章 无人系统的人工智能应用场景

10.1 机器人

（1）微型智能机器人 如图10-1所示。

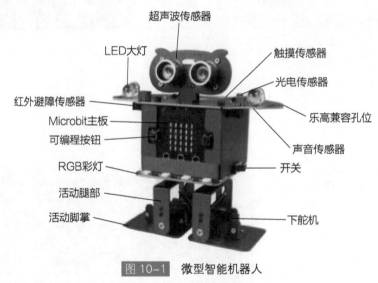

图 10-1 微型智能机器人

（图片源自：深圳鑫悦）

（2）结构

1）传感器：超声波传感器、光电传感器、触摸传感器、声音传感器、红外线传感器。

2）主控制板：Microbit主板是微型智能机器人的控制、指挥中心。

3）编程板：内含XRbitCar控制软件，通过与手机App对接，可以实现在线编程。

（3）演示

1）拍手跳舞：声音传感器感受到拍手的声音后，机器人开始跳舞，如图10-2所示。

2）LED点阵：LED经过编程后可显示相关信息，如图10-3所示。

3）红外避障：通过红外避障传感器探测是否有障碍物，从而实现避障，如图 10-4
所示。

图 10-2　拍手跳舞　　　　　图 10-3　LED 点阵　　　　　图 10-4　红外避障

（图片源自：深圳鑫悦）

4）RGB 彩灯：通过红外遥控器可以控制 RGB 彩灯发出不同颜色，如图 10-5
所示。

5）欢乐小钢琴：蜂鸣器模块可以发出高、低不一样的声音，如图 10-6 所示。

6）手机 App 编程：内含 XRbitCar 控制软件，与手机 App 对接，可以实现在线编
程，如图 10-7 所示。

图 10-5　RGB 彩灯　　　　　图 10-6　欢乐小钢琴　　　　　图 10-7　手机 App 编程

（图片源自：深圳鑫悦）

10.2　无人驾驶汽车

（1）构成　无人驾驶汽车由控制芯片（自动驾驶控制单元）、通信系统、车载雷
达、激光测距仪、传感器、摄像头等组成，如图 10-8 所示。

（2）各组成部分作用

1）无人驾驶汽车的控制芯片相当于人的大脑，控制指挥无人驾驶汽车的行驶。

2）车载雷达相当于人的眼睛，能即时通知控制芯片，指挥无人驾驶汽车及时避开
道路上的障碍，摄像头能看到路面上的行驶标记，按照规定的标记行驶。

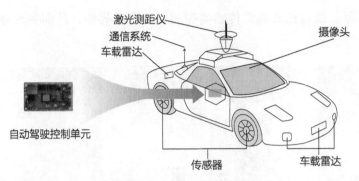

图 10-8　无人驾驶汽车组成

（图片源自：华北工控）

3）通信系统能够通过互联网来通信，能与 GPS 或者北斗卫星相连进行智能导航，还可以进行信息共享。

4）激光测距仪能够 360° 发射 64 束射线，当激光碰到周边物体时会反射回来，由此可以算出车辆与该物体的距离。

5）装在车轮上的传感器是车轮角度编码器，能时刻检测到车辆的行驶速度。

10.3　地面导航

（1）概念　AGV 具有地面导航能力，即能在无人驾驶的情况下，不断测量位置的变化，获得方位精度、位置精度、姿态误差和方位偏移，准确确定当前的位置，精确保持动态姿态基准。

（2）激光导航

1）智能搬运 AGV 结构如图 10-9 所示。

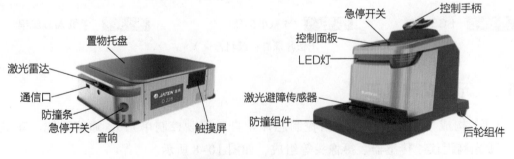

图 10-9　智能搬运 AGV 结构

（图片源自：嘉腾）

2）AGV 叉车（简称 AGV 叉车）结构如图 10-10 所示。

3）AGV 叉车工作视野如图 10-11 所示。

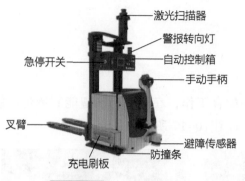

图 10-10 AGV 叉车结构

图 10-11 AGV 叉车工作视野

（图片源自：嘉腾）

（3）二维码导航

1）智能搬运车结构如图 10-12 所示。

2）智能搬运车工作视野如图 10-13 所示。

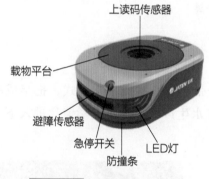

图 10-12 智能搬运车结构

图 10-13 智能搬运车工作视野

（图片源自：嘉腾）

3）磁导航 AGV 工作视野（见图 10-14）。

4）色带导航 AGV 工作视野（见图 10-15）。

5）视觉导航 AGV 工作视野（见图 10-16）。

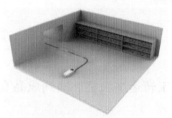

图 10-14 磁导航 AGV
工作视野

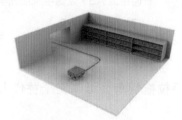

图 10-15 色带导航 AGV
工作视野

图 10-16 视觉导航 AGV
工作视野

（图片源自：嘉腾）

10.4　AGV 的人工智能应用场景

1. 智能搬运 + 智能辅助生产

（1）结构　磁导航 AGV 运送 + 机械手。

（2）应用　磁导航 AGV 运送 + 机械手配合工作，在工业产品智能制造生产线上，负责准确运送、上下工装夹具和加工产品，如图 10-17 所示。

磁导航 AGV
运送 + 机械手
的应用

图 10-17　磁导航 AGV 运送 + 机械手的应用

（图片源自：嘉腾）

2. 智能搬运 + 无接触式传递

（1）结构　智能搬运 AGV + 滚轮式传送带。

（2）应用　智能搬运 AGV 搭载滚轮式传送带，以无接触传递方式，把半成品光学镜片准确地运送并对接到智能滚轮式传送带的流水生产线上，让光学镜片进入下一道精加工工序，如图 10-18 所示。

智能搬运 AGV
运送半成品

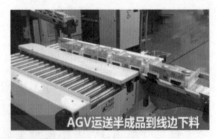

半成品通过滚筒对接，运送到 AGV 上　　AGV 运送半成品到线边下料

图 10-18　智能搬运 AGV 运送半成品光学镜片

（图片源自：嘉腾）

3. 智能搬运

智能搬运 AGV 通过搭载手拉拖货车，可以完全替代人工转运洗衣机外桶到成品仓库，如图 10-19 所示。

在汽车装配线上，通过智能搬运 AGV 搭载汽车零部件，还可以自动、准确地运送零部件到装配工位，自动升降汽车零部件，便于工人装配汽车，如图 10-20 所示。

智能搬运 AGV
转运洗衣机
外筒

图 10-19　智能搬运 AGV 转运洗衣机外筒

（图片源自：嘉腾）

智能搬运 AGV
自动运物、自
动升降

图 10-20　智能搬运 AGV 自动运物、自动升降

（图片源自：嘉腾）

4. 智能 AGV 叉车

（1）结构　智能 AGV 叉车 + 机器视觉系统。

（2）应用　智能 AGV 叉车 + 机器视觉系统，可以全程高效率、完全替代人工装货、运货、入库，如图 10-21 所示。

智能 AGV
叉车

图 10-21　智能 AGV 叉车全程替代人工装货、运货、入库

（图片源自：嘉腾）

5. 智能运输 + 智能立体仓库

智能运输 + 智
能立体仓库

（1）结构　智能 AGV 叉车 + 智能运输轨道车（RGV）+ 智能立体仓库。

（2）应用

1）智能 AGV 叉车先叉起卷材，将卷材运送到 RGV 上。

2）RGV 将卷材运送到智能立体仓库提升机的入口。

3）通过智能系统，将提升机入口的卷材提升到立体仓库的指定层，再放入立体仓库的指定位置，从而实现全程智能化，如图 10-22 所示。

图 10-22　智能运输 + 智能立体仓库

（图片源自：博众精工）

10.5　智能化生产

智能化生产流程：贴标签→人工上料→平面滚轮流水线→立体提升机 1 →立体提升机 2 →换向台分流→ RGV 接板→栈板（装零件塑料堆盘）进站→工站内组装→栈板出站→产品生产过程质量检查（PQC）→模块调试→机器臂抓住装配好的单元模块离开流水线→人工下线→空板进立体提升机 3 →智能 AGV 叉车叉起计算机外柜→送到流水线上→人工拆除机柜的侧面板→人工拆除机柜其他部件→机械手自动安装螺栓→人工安装计算机模块、前置风扇→人工安装计算机后置风扇、管理模块→人工安装路由器→机械臂抓住前面已经装配好的单元模块安装到机柜里→机械臂安装机柜门→智能 AGV 叉车叉起组装好的计算机柜送到老化室进行老化试验→老化试验结束→智能 AGV 叉车把计算机柜送到出厂前品质检查（OQC）区进行最后检查→检查合格后，智能 AGV 叉车把装配好的计算机柜送进自动仓储区。

10.6　服务机器人

根据机器人的应用领域，国际机器人联盟（IFR）将机器人分为两类：工业机器人、服务机器人。其中，服务机器人是指用于非制造业、以服务为核心的自主或半自主机器人，主要应用在运输、清洗、消毒、监护、检测等辅助、服务工作中。

1. 移动式无人零售车

（1）结构　无人车＋无人售货，如图 10-23 所示。

图 10-23　移动式无人零售车

（图片源自：广州慧谷动力）

（2）应用　移动式无人零售车可以流动售货，送货上门，能够实现全程无接触购物，是一种既安全又便捷的消费方式。

2. 无人化物品运送车

无人化物品运送车

（1）结构　无人车＋货柜，如图 10-24 所示。

（2）应用　无人化物品运送车可以解决社区"最后 1km"乃至"最后 100m"的货物配送难问题。

图 10-24　无人化物品运送车

（图片源自：广州慧谷动力）

3. 移动式测温和识别口罩机器人

（1）结构　无人车＋摄像头＋人脸识别技术＋红外线温度传感器，如图 10-25 所示。

图 10-25　移动式测温和识别口罩机器人

（图片源自：广州慧谷动力）

（2）应用　移动式测温和识别口罩机器人能通过摄像头＋人脸识别技术＋红外线温度传感器，测试出被测试人的实际温度和佩戴口罩情况。

4. 移动式消毒机器人

移动式消毒机器人

（1）结构　无人车＋喷雾消毒＋机械手高温消毒＋紫外线消毒。

（2）应用　移动式机器人办公场所自动巡走→自动在办公走廊进行喷雾式消毒→自动走到办公座椅位置，伸出机械手精准消毒→自动走到电梯按钮处，伸出机械手精准高温消毒→自动走到办公室门口，伸出机械手对准门把手精准高温消毒→自动走到休息室房间内进行喷雾式消毒→自动走到休息室的床位处，伸出机械手对准床位精准高温消毒→自动走到会议室使用紫外线消毒，如图 10-26 所示。

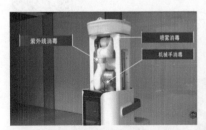

图 10-26　移动式消毒机器人

（图片源自：广东嘉腾）

5. 移动式智能巡检机器人

（1）结构　无人车＋工业相机＋摄像机。

（2）应用　移动式智能巡检机器人使用激光导航，能够监控高压开关、仪表运行，24h 进行图像识别、智能读表、实时通报，如图 10-27 所示。

移动式智能巡检机器人

图 10-27　移动式智能巡检机器人

（图片源自：广州慧谷动力）

10.7　水下无人机

（1）结构　潜拍器＋推进器＋4K 超高清相机、LED 补光灯＋WiFi 中继器＋绕线器＋多波束图像声呐＋USBL（超短基线）水下定位＋遥控器＋地面站，如图 10-28 所示。

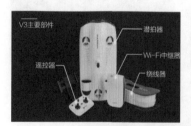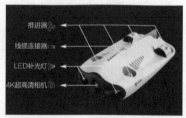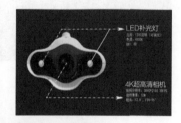
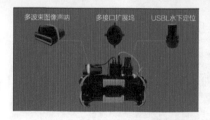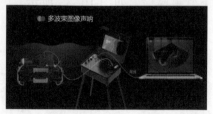

图 10-28　水下无人机主要结构

（图片源自：深圳潜行）

（2）常见搭载配件　可以搭载如机械臂、多普勒计程仪（DVL）、多参数水质取样器、激光测距仪、测厚仪、岸基控制箱等配件，应用于水下观测和水下干预与作业等场景，如图 10-29 所示。

潜行激光卡尺

潜行辅助摄像头

潜行定距声呐

图像声呐

DVL

潜行转接盒

USBL水
下定位

潜行机
械臂2.0

潜行高亮
屏控制箱

潜行水质五
参传感器

潜行500mL
水质取样器

潜行岸基
供电系统

图 10-29　常见搭载配件

（技术方案和图片源自：深圳潜行）

（3）应用场景演示

1）水下摄影，如图 10-30 所示。

2）水下探险，如图 10-31 所示。

3）船体检查，如图 10-32 所示。

水下无人机应
用场景

图 10-30　水下摄影

图 10-31　水下探险

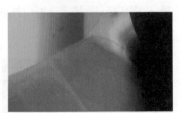
图 10-32　船体检查

（图片源自：深圳潜行）

4）水下管道巡检，如图 10-33 所示。

5）水下产品网箱养殖巡查，如图 10-34 所示。

图 10-33　水下管道巡检

图 10-34　水下产品网箱养殖巡查

（图片源自：深圳潜行）

6）水下抓取物品，如图 10-35 所示。

水下抓取物品

图 10-35　水下抓取物品

（图片源自：深圳潜行）

7）观赏水下世界，如图 10-36 所示。

图 10-36　观赏水下世界

（图片源自：深圳潜行）

10.8　移动式无人机场

（1）结构　移动式无人机机库 + 两架无人机 + 自动充电系统 +5G 网络，如图 10-37 所示。

（2）应用

1）使用 5G 网络，智能无人机机场搭载的无人机可以完成全天空中巡检任务。

2）全程人工智能——无人机可以实现全天（24h）自动起降、轮换、巡检、信息回传、自动充电。

图 10-37　5G 无人机机库双机自动停机坪

（图片源自：AEE）

10.9 军事领域

1. 无人战车

（1）概念 无人战车是指按照遥控操作或者按照预先编制的程序自主行动的执行特定作战任务的地面机器人，具有较强的机动性。

（2）结构 无人车＋传感器＋激光雷达＋武器＋网络＋通信＋计算机火控系统，如图10-38所示。

（3）应用 能用于战场感知、地面侦察、地面作战、地面支援等作战任务。

2. 无人战船

（1）概念 无人战船是指能实现智能避障、远距离通信、视频实时传输、网络监控的在水面上自主航行的机器人，它无须遥控，而是借助卫星定位和传感器实现自主导航与自主航行。

（2）结构 无人船＋雷达＋红外线传感器＋武器＋激光测距仪＋电子干扰系统＋计算机火控系统，如图10-39所示。

（3）应用 用于海上侦察、海上监视、海上电子干扰、海上作战、海上排雷等。

3. 无人潜艇

无人潜艇（见图10-40），又被称作无人潜航器（Unmanned Underwater Vehicle，UUV），是一种按照遥控操作或者按照预先编制的程序在水下自主航行的机器人。无人潜艇的结构主要包括无人潜航器、声呐、摄像机、机械手、武器，可用于搜救、监视、侦察、扫雷、攻击等任务。

图 10-38 无人战车

图 10-39 无人战船

图 10-40 无人潜艇

（图片源自：北方工业集团）

10.10 反制无人机

（1）探测、识别 通过雷达探测、无线电信号监测、光电识别跟踪、声音监测等，实现对无人机的探测、跟踪和识别。

（2）反制方法 干扰阻断、电磁干扰、导航信号干扰、声波干扰、激光扫描、微波炮、导弹等。

（3）反制无人机系统　采用网格化无人机防御系统组网，如图 10-41 所示。

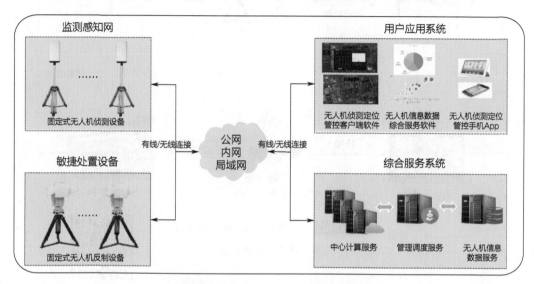

图 10-41　网格化无人机防御系统组网

（图片源自：上海特金）

（4）防御系统

1）筑建三级防御系统：一级为黄色——预警信号；二级为蓝色——防御；三级为红色——反置处理无人机。

2）通过黑、白名单比对，防御、处置无人机，如图 10-42 所示。

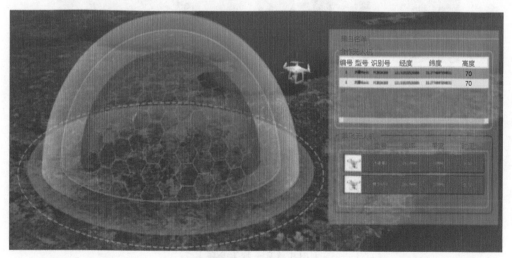

图 10-42　三级防御系统

（图片源自：上海特金）

（5）反制无人机系统　作业流程如图 10-43 所示。

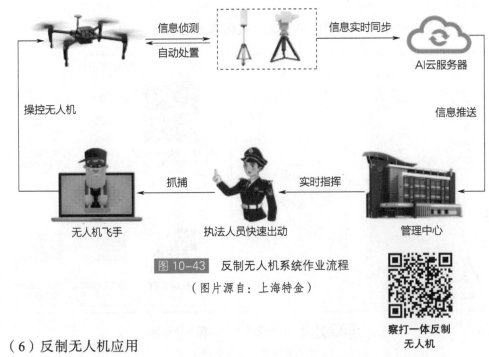

信息侦测
自动处置
信息实时同步
AI云服务器
操控无人机
信息推送
抓捕
实时指挥
无人机飞手
执法人员快速出动
管理中心

图 10-43 反制无人机系统作业流程

（图片源自：上海特金）

察打一体反制
无人机

（6）反制无人机应用

1）居住区，运用低空防御——察打一体方法反制无人机，如图 10-44 所示。

单站测有无
四站TDOA
高精度定位

侦测距离：≥7000m
管控半径：≥1000m
报警方式：声光、
短信、App

请注意无人机入侵

无人机失控降落

图 10-44 低空防御——察打一体

（图片源自：理工全盛）

2）主城区电网，采用测向侦测＋方位跟踪＋全向反制无人机方法，如图 10-45 所示。

测向侦测 + 方位跟踪 + 全向反制无人机

图 10-45　主城区电网反制无人机

（图片源自：理工全盛）

定位侦测 + 视频跟踪 + 定向反制无人机

3）民航机场，采用定位侦测 + 视频跟踪 + 定向反制无人机方法，如图 10-46 所示。

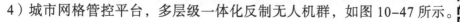

图 10-46　民航机场反制无人机

（图片源自：理工全盛）

4）城市网格管控平台，多层级一体化反制无人机群，如图 10-47 所示。

多层级一体化反制无人机群

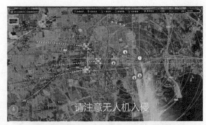

图 10-47 城市网格管控平台反制无人机群

（图片源自：理工全盛）

10.11 无人系统综述

1. 无人系统发展前景

随着技术的不断进步，无人系统将朝着构建智慧城市的方向发展，使我们未来的生活更加便捷、舒适、安全。智慧城市无人系统主要构成如图 10-48 所示。

无人值守　星链卫星　智能AGV　智能服务机器人　无人监控　智慧城市无人系统　智能工业机器人　无人驾驶汽车　地面导航　水下无人机　无人机

图 10-48 智慧城市无人系统主要构成

2. 无人机在无人系统中的应用

无人机虽然只是无人系统应用中的一小部分，但它能大幅提升无人系统空中信息感知能力和低空运送货物、低空安防能力。

无人机与地面机器人的不同之处有以下几点：

1）地面机器人是二维（平面）空间工作的机器人。

2）无人机是三维（立体）空间飞行的机器人。

两者（空中＋地面）加以融合，就会产生 1+1>2 的效果，形成各种空、地协同创意、方案和办法，从而解决消防、应急救援、环保监控、安防等各种难题。

附录　全国人工智能应用技术技能大赛规则与技术标准

附录 A　第二届全国人工智能应用技术技能大赛无人机装调检修工
（飞行器人工智能技术应用）职工组／学生组实操样题

预览码[⊖]

下载码

附录 B　第二届全国人工智能应用技术技能大赛人工智能训练师
（服务机器人人工智能技术应用）（职工组）实操样题

预览码

下载码

⊖　扫码复制链接或直接跳转用浏览器打开，可放大观看。——编者注

参 考 文 献

［1］贾恒旦，郭彪．无人机技术概论［M］.北京：机械工业出版社，2018.

［2］贾恒旦，郭彪，杨刚．无人机操控与竞技［M］.北京：机械工业出版社，2020.

［3］李发致，钟仲钢，黄海，等．无人机组装与维护［M］.北京：高等教育出版社，2019.

［4］于坤林．无人机维修技术［M］.北京：航空工业出版社，2020.

［5］远洋航空教材编写委员会．无人机装配与调试技术［M］.北京：北京航空航天大学出版社，
    2019.

［6］鹿秀凤，冯建雨．无人机组装与调试［M］.北京：机械工业出版社，2019.

［7］鲁储生．无人机装配与调试［M］.北京：清华大学出版社，2019.

［8］王春颖．公司增长的本质［M］.北京：机械工业出版社，2016.

［9］王喜文．智能制造［M］.北京：机械工业出版社，2016.